U0268787

河南省沿黄城市水热型地热能开发产业化技术研究

齐玉峰 李 尧 黄 烜 编著

黄河水利出版社

·郑州·

内 容 提 要

本书针对河南省沿黄城市水热型地热能开发技术进行研究,并分析各专项技术在地热开发过程中的作用及相互关系,紧紧围绕产业化开发这个核心,将地热开发靶区圈定技术、地热成井工艺、地热综合高效利用技术及地热资源保护技术等各单项技术融为一体,实现从地热勘查、开发、运行到效益评价的一体化,进而推动地热产业实现突破性发展。

本书可供从事地热勘查、开发的工程技术人员,理论研究学者和地热资源管理者等参考和使用。

图书在版编目(CIP)数据

河南省沿黄城市水热型地热能开发产业化技术研究/齐玉峰,李尧,黄烜编著.—郑州:黄河水利出版社,2021.6
ISBN 978-7-5509-3021-6

Ⅰ.①河… Ⅱ.①齐…②李…③黄… Ⅲ.①城市-地热能-资源开发-研究-河南 Ⅳ.①TK529

中国版本图书馆 CIP 数据核字(2021)第 127607 号

组稿编辑:王路平 电话:0371-66022212 E-mail:hhslwlp@126.com

出 版 社:黄河水利出版社   网址:www.yrcp.com
    地址:河南省郑州市顺河路黄委会综合楼 14 层   邮政编码:450003
发行单位:黄河水利出版社
    发行部电话:0371-66026940、66020550、66028024、66022620(传真)
    E-mail:hhslcbs@126.com
承印单位:河南新华印刷集团有限公司
开本:787 mm×1 092 mm 1/16
印张:6.75
字数:160 千字
版次:2021 年 6 月第 1 版   印次:2021 年 6 月第 1 次印刷

定价:60.00 元

前　言

十九届五中全会提出,要加快推动绿色低碳发展,持续改善环境质量,提升生态系统质量和稳定性,全面提高资源利用效率。2021 年是"十四五"开局之年,我们面对的是实现"2030 年前碳达峰""2060 年前碳中和"两个新的奋斗目标。能源发展由清洁高效进入了降碳节能的新阶段。而作为清洁、零碳能源的地热能,迎来了空前的发展机遇。此外,2019 年 9 月 18 日,习近平总书记在黄河流域生态保护和高质量发展座谈会上的讲话中强调:要坚持绿水青山就是金山银山的理念,着力加强生态保护治理、保障黄河长治久安、促进全流域高质量发展、改善人民群众生活、保护传承弘扬黄河文化。因此,加快推行沿黄城市的清洁能源利用,将资源优势转化为经济优势,对于缓解河南黄河沿线地区能源紧张、推进节能减排、加快生态城市建设和黄河生态带高效经济发展具有重要意义。

河南黄河沿线三门峡、洛阳、济源、焦作、新乡、郑州、开封和濮阳 8 个地市经济发达,交通便利,中低温地热资源丰富,具有广阔的开发利用前景,其地热资源主要赋存于新近系砂岩和古生界及中、新元古界的碳酸盐岩热储层,埋藏深度较浅,分布广泛,开采条件优越,具备了规模开发和产业发展的条件。本书围绕黄河流域生态保护和高质量发展战略,以河南省沿黄城市深层地热赋存规律及开发利用关键技术研究为主题,通过研究河南省沿黄城市地热地质条件、有利层段选择、地热井网科学部署、地热开发配套工艺、节能与环境保护等关键技术,并分析各专项技术在地热开发过程中的作用及相互关系,结合河南省地热资源情况和开发利用成功经验,通过这种不同学科间的技术集成,架构一套直接应用于地热开发产业化的系统软件,初步探索出一条符合河南省省情的地热产业化经营道路。

本书在编写过程中得到了河南省高技术创业服务中心、中石化新星河南新能源开发有限公司、河南万江新能源集团有限公司等单位的大力支持和帮助,许多同志参与了本书的调研和实践工作。另外,本书在撰写过程中还引用了大量的参考文献。在此,谨向为本书的完成提供支持和帮助的单位、所有研究人员和参考文献的原作者表示衷心感谢!

本书的出版得到河南省科学技术厅"河南省沿黄城市深层地热赋存规律及开发利用关键技术研究"(202102310617)、河南省地矿局"河南省地热开发产业化关键技术研究及集成"(豫地环〔2020〕4 号)项目资助。

由于作者水平有限,书中存在的不妥之处,敬请读者朋友批评指正。

作　者
2021 年 3 月

前　言

目　录

第 1 章　绪　论

1.1　项目背景及意义

习近平总书记强调：生态环境是关系党的使命宗旨的重大政治问题，也是关系民生的重大社会问题。这要求我们必须坚持以人民为中心的发展思想，提供更多优质生态产品，让人民群众在绿水青山中共享自然之美、生命之美、生活之美。

《中共中央关于制定国民经济和社会发展第十四个五年规划和二〇三五年远景目标的建议》提出，要推动能源清洁低碳安全高效利用，降低碳排放强度，完善环境保护、节能减排约束性指标管理。因此，地热资源作为清洁低碳能源，对优化能源结构、节能减排、环境保护和减少雾霾具有积极意义，也是促进生态文明建设的重要举措。

"十四五"开局之年，国家涉及新能源产业的相关发展规划密集出台，这对推动我国能源消费结构转型升级指明了方向，也为地热能企业借政策东风顺应能源转型发展潮流提供了思路。

2021 年 1 月 27 日，国家能源局网站发布了《关于因地制宜做好可再生能源供暖相关工作的通知》（国能发新能〔2021〕3 号）。随后，2 月 8 日，国家能源局网站发布《国家能源局关于因地制宜做好可再生能源供暖相关工作的通知》政策解读，就文件的出台背景、目的、主要内容等进行解读。通知要求，重点推进中深层地热能供暖，按照"以灌定采、采灌均衡、水热均衡"的原则，根据地热形成机制、地热资源品位和资源量、地下水生态环境条件，实施总量控制，分区分类管理，以集中与分散相结合的方式推进中深层地热能供暖。积极开发浅层地热能供暖，经济高效地替代散煤供暖，在有条件的地区发展地表水源、土壤源、地下水源供暖制冷等。鼓励利用油田采出水开展地热能供暖、地下水资源与所含矿物质资源综合利用等。支持参与地热勘探评价的企业优先获得地热资源特许经营资格。

2 月 2 日，科技部发布《国家高新区绿色发展专项行动实施方案》（国科发火〔2021〕28 号）。方案指出，绿色发展作为新发展理念之一，是高质量发展的重要标志和底线，是引导经济发展方式转变，构建人与经济、自然、社会、生态、文化协调发展新格局的重要战略部署。在国家高新区率先实现联合国 2030 年可持续发展议程、工业废水近零排放、碳达峰、园区绿色发展治理能力现代化等目标，部分高新区率先实现碳中和。方案要求构建国家重大需求和双循环导向的绿色技术创新体系，以关键核心技术转化与产业化带动技术创新体系工程化，培育发展具有国际竞争力、自主可控的绿色技术和产业体系。加快传统制造业绿色技术改造升级，鼓励使用绿色低碳能源，提高资源利用效率，淘汰落后设备工艺，从源头减少污染物产生。积极引领新兴产业高起点绿色发展，强化绿色设计，加快开发绿色产品，大力发展节能环保产业和清洁生产产业。引导传统重污染行业的绿色技术进步和产业结构优化升级，加大清洁能源使用，推进能源梯级利用。

2月18日,国管局发布《关于2021年公共机构能源资源节约和生态环境保护工作安排的通知》(国管节能〔2021〕32号)。通知要求,各地区、各部门要认真学习贯彻公共机构节约能源资源"十四五"规划,按照工作部署安排,研究制定本地区、本系统"十四五"规划,全面推动规划落实落地。通知明确,扎实推进绿色建筑创建行动,推动各地区实施既有建筑以及供暖、空调、配电、照明、电梯等重点用能设备节能改造。大力推广应用节约能源资源新技术、新产品,开展新一批公共机构节能节水技术集编制和公共机构能源资源节约示范案例征集。各地区、各部门要继续推动公共机构使用太阳能、地热能、风能等新能源,推广应用绿色低碳、先进适用的新技术和新产品,助力公共机构率先实现碳达峰。

2月21日,2021年中央一号文件《中共中央　国务院关于全面推进乡村振兴加快农业农村现代化的意见》正式发布。文件指出,把全面推进乡村振兴作为实现中华民族伟大复兴的一项重大任务,举全党全社会之力加快农业农村现代化,让广大农民过上更加美好的生活。推动农村基础设施提档升级,是乡村振兴战略的重要一环。文件指出,加强乡村公共基础设施建设。继续把公共基础设施建设的重点放在农村,着力推进往村覆盖、往户延伸。"实施乡村清洁能源建设工程"成为2021年中央一号文件中关于加强乡村公共基础设施建设的重要组成部分。在乡村振兴战略实施过程中,做好可再生能源供暖与乡村振兴战略规划的衔接,将可再生能源作为满足乡村取暖需求的重要方式之一。地热资源分布广泛,利用方式多样,在农村地区大有可为。业内人士指出,我们要充分结合乡村居住范围、建筑特点,结合地质条件、气象因素等开展相关研究,在不同地区因地制宜地选择地表水源、土壤源、地下水源供暖制冷,可先建立典型地区的示范应用,技术跟进到位,总结经验,从而降低成本提高效率。同时研究制定相关优惠政策进行扶持。地热行业自身从业人员要从严要求,树立新发展理念,发展好农村高质量地热产业。

据中国政府网2月22日消息,国务院发布《关于加快建立健全绿色低碳循环发展经济体系的指导意见》。指导意见明确的主要目标是:到2025年,产业结构、能源结构、运输结构明显优化,绿色产业比重显著提升,绿色低碳循环发展的生产体系、流通体系、消费体系初步形成。到2035年,广泛形成绿色生产生活方式,美丽中国建设目标基本实现。指导意见对推动能源体系绿色低碳转型做出了部署,要求提升可再生能源利用比例,大力推动风电、光伏发电发展,因地制宜地发展水能、地热能、海洋能、氢能、生物质能、光热发电。在北方地区县城积极发展清洁热电联产集中供暖,稳步推进生物质耦合供热。加快大容量储能技术研发推广,提升电网汇集和外送能力。

此外,2019年9月18日,习近平总书记在黄河流域生态保护和高质量发展座谈会上的讲话中强调:要坚持绿水青山就是金山银山的理念,坚持生态优先、绿色发展,以水而定、量水而行,因地制宜、分类施策,上下游、干支流、左右岸统筹谋划,共同抓好大保护,协同推进大治理,着力加强生态保护治理、保障黄河长治久安、促进全流域高质量发展、改善人民群众生活、保护传承弘扬黄河文化,让黄河成为造福人民的幸福河。

因此,加快推行沿黄城市的清洁能源利用,开发利用地热资源,将资源优势转化为经济优势,对于缓解河南黄河沿线地区能源紧张、推进节能减排、调整能源结构、加快生态城市建设和黄河生态带高效经济发展具有重要意义。

本书通过收集以往地热地质资料并进行二次开发,对河南省沿黄三门峡、洛阳、济源、焦作、新乡、郑州、开封和濮阳等 8 个城市的地热资源赋存规律进行调查研究,并在此基础上结合河南省地热资源情况和开发利用成功经验,将地热开发过程各个阶段分解,进行集地热赋存规律、地热开发配套技术、节能与环境保护技术、开发井网科学部署等方面的地热开发利用产业化关键技术研究,进而从整体的角度将地热资源开发利用各个阶段工作进行统一规划,发掘各个工作阶段的关联性,实现从地热勘查、开发、运行到效益评价的一体化。其研究成果的推广可为我省今后的地热开发利用产业化提供技术及管理依据,也是实现河南省黄河沿线地热资源绿色开发,实现绿色矿业的根本保证,对黄河沿线城市地热资源高效和可持续利用,经济的持续发展、能源的总体规划、能源结构调整和生态环境保护具有重要的现实意义和长远的战略意义。

1.2 国内外研究现状及动态

1.2.1 国外研究现状

近年来,国内外地热利用尤其是直接利用呈加速发展态势,已有 70 多个国家进军地热开发利用领域。国外发达国家如美国、冰岛、芬兰等地热开发利用起步较早,技术比较先进,已形成了比较完善的工程技术创新体系。

2019 年,美国能源部(DOE)发布《地热愿景:挖掘地下热能潜力》报告,提出了美国地热能发展应重点部署的五大关键技术领域,包括资源评估、地下信号探测、地热钻井和井筒、地热资源回收以及地热资源和设施监测、建模和管理。这五大关键技术领域代表了全球地热开发前沿技术,涉及地球物理勘探方法创新应用研究,地热钻井技术、方法和工具创新,地热井生命周期改进,地热资源回收技术改进,利用最先进的应用机器学习技术进行地热资源监测、建模和预测等。2018 年,美国能源部能源效率与可再生能源办公室决定投入 1 450 万美元研究经费,聚焦地热钻井技术,促进地热能源技术创新,加快地热产业的发展。由此可见,美国在地热技术应用水平方面已建立了一套完善的体系,地热发电和地热非电应用都得到了飞速发展。

在冰岛,地热能的主要用途是供热,热量通过分布广泛的区域供热管网进行输配。与很多欧洲国家类似,冰岛的区域供热系统并没有固定的供暖期限,如果有需要,一年四季都可有"暖"可供,也可随时提供生活热水。冰岛国家能源局的数据显示,采暖约占冰岛地热直接利用的 77%,冰岛有约 90% 的家庭在使用地热供暖。根据规划,未来将实现100% 地热供暖。冰岛的地热开发已有近 100 年的历史,地热供暖技术与地热能梯级利用技术世界一流。

1.2.2 国内研究现状

国内地热的大规模开发利用主要始于 20 世纪 70 年代,最初主要是技术集中于地热发电的研究试验,地热直接利用兴起于北京、天津,主要用于供暖、工农业和洗浴、疗养等。我国多位学者、专家也对地热能开发利用的技术、发展模式和效果评价进行了研究。

汪集暘、孔彦龙等建立了可用于地热田优化开采评估的模拟计算方法。基于水同位素、水化学测试和数值模拟技术的融合,开展地热储地温场、流场和化学场等多场分析,给出布井方案。模型应用于河北雄县地热田可持续性评估,加深了对于热储的认识,对比了集中采灌与对井采灌模式的效果。

韩再生等研究认为,浅层地热能广泛存在于地下水和地下岩土中,资源的开发利用受其所在区域的水文地质条件影响,具有可再生、安全可靠、环保效益突出等显著特点。

张培民等研究认为,地源热泵技术作为一项可再生能源技术,可以有效解决空调系统的能源和环境问题的矛盾,地源热泵系统每消耗 1 kW 的能量,可以为用户提供 4 kW 以上供暖或制冷效能。

郭丽华等研究认为,完善的地热能开发利用模式需要从地热能资源勘查、市场需求、技术创新、项目建设运维管理以及产业资金投入等多角度出发建立完善相关制度体系。

李录娟等研究认为,利用 Matlab 神经网络工具箱的功能建立基于 BP 神经网络的地热潜力评估模型,可以通过评价体系和人工神经网络理论的有机结合,建立一种评价地热潜力的新方法。

赵立新等研究认为,可以通过使用热储法和采收率计算研究区的地热能资源量和可开发利用资源量,分析研究区中地热水样品和水化学成分,并以此为基础评价地热水的可利用性并给出初步的开发利用可行性建议。

尤其是"十三五"期间,《地热能开发利用"十三五"规划》《北方地区冬季清洁取暖规划(2017—2021 年)》《打赢蓝天保卫战三年行动计划》等文件的发布以及所带来的系列配套政策,使我国地热资源勘探取得了很大突破,科学技术进步明显,地热产业稳步增长。

1.2.2.1　地热资源勘探取得突破

"十三五"期间,自然资源部、部分地方政府和企业根据区域能源的发展需要,投入资金加大对重点区域的地热资源勘探力度,在水热型地热和干热岩勘探方面取得了突破。

(1)服务京津冀协同发展,实施地热资源调查科技攻坚战。

为支撑服务京津冀协同发展国家战略,自然资源部 2017 年正式启动京津冀地热科技攻坚战,加快推进重点地区地热调查,以雄安新区、北京城市副中心和天津东丽区等为重点,组织实施京津冀地热资源调查科技攻坚战,开辟中深层地热开发的新空间,通过重点区域地热资源调查,在深部地热勘查方面取得了突破。雄安新区地热资源开发利用的主力层是雾迷山组地热资源丰富,地热可采资源量折合标煤 3.8 亿 t,年可利用地热资源量折合标煤 380 万 t。天津东丽湖实施钻探显示出良好的资源前景,取得新储层温度、富水性全新认识,根据获取的热储参数,估算东丽区雾迷山二段新储层每年可开采热量折合标煤 125 万 t。

(2)针对北方地区清洁取暖,重点区域地热勘探成果丰硕。

沧县隆起岩溶热储勘探。"十三五"期间通过持续勘探,在京津冀中部人口密集区地热资源勘查取得突破,揭示了面积达 1 万 km² 的沧县隆起优质岩溶热储构造带的分布规律,沧县隆起构造带是渤海湾盆地内范围大、分布广、资源优的岩溶热储发育带,具备形成大规模整装地热田的潜力,初步测算地热资源量折合标煤近 200 亿 t,勘探开发潜力巨大。

邢衡隆起岩溶热储勘探。邢衡隆起北临冀中凹陷,东接临清凹陷,主要构造呈现凹凸相间的格局,奥陶系岩溶热储整体发育,但平面上非均质性较大,"十三五"期间进一步明确了该区域具备连片开发的资源条件,初步测算地热资源量折合标煤近 110 亿 t,勘探开发潜力巨大,为该地区的地热开发提供了资源保障。

太原地区奥陶系岩溶热储勘探。通过区域地质构造与储层特征精细研究,在太原地区西温庄地热田部署实施的一批探井取得成功,对西温庄地热田奥陶系岩溶热储的地热资源量精细评价结果表明,地热资源量折合标煤 1.14 亿 t,年开采量可满足 600 万 m^2 的供暖面积,开发利用潜力大,为山西能源转型发展提供了清洁能源。

南华北盆地地热资源勘探。南华北盆地地热资源分布范围广,但地质条件复杂,"十三五"期间,按照"政府引导、企业参与"的原则,支持有能力的企业积极参与地热资源勘查评价,取得显著成果,在开封凹陷馆陶组砂岩部署实施的开封东郊探采 1 井获得水温 82 ℃、水量 120 m^3/h,扩大了地热资源勘探领域。

(3)瞄准未来接替能源,干热岩勘探取得突破。

共和盆地干热岩勘探取得突破。"十三五"期间,中国地质调查局在青海共和盆地恰卜恰地区施工干热岩探井 4 口,均揭露到干热岩,首次取得了干热岩勘探的突破。DR3、DR4 和 GR1 井在 1 300~1 400 m 深度均揭露到花岗岩基底,岩体温度普遍高,其中,GR1 井在 3 705 m 处测井温度达 193 ℃左右。根据地球物理勘查和钻探成果,初步圈定恰卜恰干热岩体分布面积 246.90 km^2,3~10 km 埋深干热岩地热资源基数折合标煤 559.09 亿 t。

海南琼北干热岩勘探取得突破。由中国地质大学(武汉)地质调查研究院与恒泰艾普集团公司合作实施的琼北花东 1R 井,在深度 4 387 m 处钻获超过 185 ℃干热岩,查明了雷琼裂谷南侧干热岩的分布规律,福山断陷内可开发干热岩面积约 98 km^2。

1.2.2.2　科学技术进步显著

"十三五"期间,通过科技攻关、创新研发、成果转化,形成了涵盖地热勘探开发利用全流程的系列技术。

1.勘探与评价技术

形成全国地热资源选区评价技术、重点区带地热资源精细评价技术、地震+非震综合地球物理方法。通过对盆地构造、地层等方面的深入研究,明确盆地不同构造单元内的"源、通、储、盖"和水循环条件,优选盆地内的地热富集区带。在分析不同类型地热田的概念模型的基础上,根据热储的规模、埋深、温度、流体组分等方面的综合评价,计算地热资源量,并对地热田进行等级划分,优选有利目标区。

2.井筒工艺技术

形成易漏失碳酸盐岩储层安全高效钻井技术、砂岩地热井防砂与回灌技术。创新了易漏失碳酸盐岩储层钻井工艺,采用降低井筒液柱循环压力工艺,形成清水充气钻井工艺和双壁钻杆气举快速穿漏钻井工艺。通过对砂岩回灌的主要制约因素进行研究以及对地层堵塞原因机制的分析,提出可行的防堵、解堵方案,实现全部回灌。回灌率的增加减少了地热尾水的直接排放,也保证了砂岩地区地热开发的良性循环及可持续发展。

3.地热利用技术

形成"地热+"多种清洁能源互补供热技术、地热开发全生命周期经济评价及优化技术。创新设计了地热梯级利用工艺,地热高温部分进行发电,地热低温部分进行供热,提高地热利用率。同时通过对新建项目的经济性与社会效益的综合分析,以及对已实施项目的后评价效益研究分析,不断探索地热能经济分析技术,初步构建了地热能利用技术经济评价体系。

4.干热岩试采技术

中国地质调查局、青海省自然资源厅、中国石化等联合开展青海共和干热岩勘查开发科技攻坚和示范工程与试验研究基地的建设,并成功实施了我国首口干热岩井的试验性压裂。

这些技术有效地支撑了全国区域内不同类型热储地热供暖面积的迅速增长和效益的不断提升。

1.2.2.3　地热产业稳步发展

1.水热型地热能供暖快速发展

"十三五"期间,水热型地热能供暖在京津冀大气污染传输通道的"2+26"城市及汾渭平原 11 城市得到了快速发展,成为北方地区清洁供暖的重要绿色替代能源。到 2019 年,新增供暖面积 3.76 亿 m^2,累计达到 4.8 亿 m^2,完成"十三五"规划目标的 95%。2020 年底水热型地热能供暖达到 5.8 亿 m^2,超过"十三五"规划目标任务的 20%。其中,河南省地热开发快速发展,引领了中原崛起。2020 年,河南省水热型地热能供暖面积超 1 亿 m^2,占全国水热型地热能供暖面积的 23%。"十三五"期间,政府推动力度大,频出利好政策,充分利用北方地区冬季清洁取暖试点资金并配套地方资金,支持地热能供暖发展,濮阳、开封、新乡、周口等市地热能供暖面积增长迅速。

2.温泉热水利用和地热能种植养殖持续发展

"十三五"期间,温泉热水应用于理疗、娱乐、休闲,经济附加值较高,效益可观,推动我国温泉利用持续发展。2019 年,我国温泉之乡的利用规模就达到 6 608 MW。经自然资源部评比,有 5 座城市获得"温泉之都"的称号、22 座获得"温泉之城"的称号、42 座获得"温泉之乡"的称号,温泉热水利用取得持续发展。

我国利用地热能进行水产养殖已遍布 20 多个省的 47 个地热田,建有养殖场约 300 处,养殖池面积 550 万 m^2。2019 年,我国利用地热能进行地热温室种植和水产养殖。开发利用地热能折合装机容量分别为 346 MW 和 482 MW,与 2015 年相比,分别增长了 55.4% 和 55%,年利用地热能量分别为 426 万 GJ 和 502 万 GJ,成为我国地热能利用的重要方式。

1.3　存在的问题及不足

在地热产业发展的理论研究方面,国内外学者进行了一系列探索,也取得了丰硕的研究成果,这也为本书提供了有益的借鉴。但是,由于我国地热产业发展时间较短,相关的影响因素及其内部的互动关系也较为复杂,对整体意义上的发展模式的研究还尚未成熟。相应地,地热产业发展模式这一领域的研究比之实践仍然有些滞后,存在空白和薄弱的地方。具体来说,相关研究的不足之处主要表现在以下几个方面:

(1)河南省沿黄城市地热资源按分布特征可划分为隆起山地型和沉积盆地型两种,尤其对于沉积盆地型热储,其研究深度一般都在 2 000 m 以浅,研究的主要热储层为新近系明化镇组热储和新近系馆陶组热储,但对于 2 000 m 以深至 3 000 m 范围内的开发利用潜力巨大的古生界热储的地热资源赋存规律研究程度不高。因此,急需开展工作对古生界热储地热资源赋存规律进行研究。

(2)以往的地热资源评价是以水的消耗为依据,以地热水资源储量消耗程度(如开采20 年、水位降深 100 m 的开采量)为出发点的,不考虑"热"资源的梯级、可持续利用,未考虑回灌措施和效果,导致资源量评价结果存在很大误差。因此,在当今地热资源逐步大规模开发利用的情况下,急需在群井回灌试验及长时间地热回灌动态监测情况下,对地热流体的可采量及可采热量进行定量评价计算。

(3)以往地热产业评价主要集中在资源评价和项目评价上。在地热资源蕴藏量、可采量及质量计算与评价方面的工作已经很多,但对资源评价后整体开发利用的研究则相对较少。对地热井科学部署、地热开发工艺技术论证及节能环保分析等相关关键技术的研究关注较少,未能从整体的角度将地热资源开发利用各个阶段的工作进行统一规划,缺乏相关性,从而未能实现从地热勘查、开发、运行到效益评价的一体化。如果要对地热产业的发展进行全局性的、战略性的、前瞻性的思考,相关研究仍然显得有所不足。

1.4 研究范围及思路

本书将河南省黄河沿线三门峡、洛阳、济源、焦作、新乡、郑州、开封和濮阳 8 个地市作为研究对象,地理坐标:东经 $110°21' \sim 116°06'$,北纬 $33°38' \sim 36°06'$,总面积 57 888 km²,约占全省总面积的 35%,具体见图 1-1。

本书通过分析河南省沿黄城市地热赋存规律研究,针对地热开发配套工艺、节能与环境保护、地热井网科学部署等关键技术进行论述,并分析研究各专项技术在地热开发过程中的作用及相互关系,结合河南省地热资源情况和开发利用成功经验,通过不同学科间的技术集成,架构一套直接应用于沿黄城市地热开发产业化的系统软件,初步探索出一条符合河南省沿黄城市的地热产业化经营道路,并逐步向全省推广。

1.4.1 地热资源形成的区域地质背景研究

在充分收集已有地质、水文地质、物化探、钻孔资料的基础上,通过分析研究区在区域上所处地质构造单元、区域地层分布情况及研究区周边地质构造展布情况,对热储的埋藏分布和开采条件进行研究,对地热田的地球化学场、地球物理场以及地热流体的物理化学性质进行分析。

1.4.2 地热勘探技术研究

储、盖、通、源是对地热形成条件的简述。指地下热水富集一般要具备 4 个条件,其一是热储,其二是盖层,其三是导水导热通道,其四是热源,缺一不可。在地热资源开发中,如果勘查工作未做到位,未能查明热储层的岩性、空间分布、构造等特征,将井位定于不合适的位置,造成水温水量偏小甚至不出水,这类案例数不胜数。

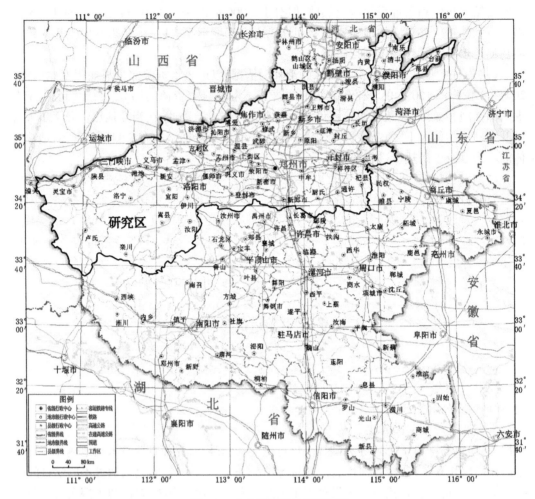

图 1-1   本书研究区位置示意图

1.4.3   成井工艺及地热井压裂增水技术研究

随着勘探深度的增加,钻井施工技术难度日益增大,施工工艺的研究也不容忽视,本书将收集研究区内已建成的地热井成井资料,并对其进行二次开发。在重点罗列不同地热井成井工艺差异的基础上,充分收集国内外关于成井方面的研究成果,结合研究区内地层岩性、热储结构及地热流体水质,进一步对研究区内成井工艺进行优化。此外,由于地热深井施工成本高,增产技术对提高地热井的投入产出比尤为重要。本书将利用研究区内正在实施的地热井钻井工程,收集钻井过程中所提取的岩芯岩土体热物性分析及压裂测试,分析热储岩土体物理性质与地热井开采水量及热储问题之间的关联。

1.4.4   地热回灌技术研究

地热资源的可持续发展最有效的途径是实现回灌,同时解决地热井水位下降,延长地热田的使用寿命。本书通过进行群井回灌试验,采用真空回灌和压力回灌两种回灌方法研究如何在合理利用地热资源上有效地控制气泡堵塞与微生物堵塞,并定量化研究地热流体系统中的流体流速和方向问题。在现场试验的基础上,选用地下水流与热传递相耦合的有限元模拟软件,根据研究区地热开发利用实际情况,模拟分析地热回灌条件下地热流体在地下空间中的运移方式、规律和途径,并在此基础上对井抽灌模式下温度场进行数值模拟,最终对地热回灌进行可行性与合理性分析论证;在满足研究区地热可采量的基础上,根据已模拟的初始温度场,进一步模拟在不同压力、温度场的条件下,对多方案地热井部署进行比选研究,从而得出研究区内最合理的开采、回灌井间距、开采量及回灌尾水温度等。

1.4.5 地热开发环境影响评价方法研究

地热资源的埋藏分布及储量受地质条件控制,不合理的开发必然会导致资源枯竭、热储层压力下降、地热水水质恶化等环境问题。本书对地热资源开发利用环境影响的评价方法和评价内容进行分析,对地热供暖系统环境影响评价方法进行论述,从而对地热开发引发的相关地质环境问题提出保护措施,从而有效地保障地热能的清洁开发和永续利用。

1.4.6 地热资源综合利用研究

实践证明,单一的开发利用不仅浪费资源,而且经济效益也不理想,因此应特别重视地热流体的综合利用,使有效的热能和水资源价值得到充分发挥,以提高资源的综合效益。本书将根据研究区地热地质条件分析成果和地热开发利用实际情况,对研究区地热开发利用方式进行详细调研,考虑地热流体可采量、温度、水质等因素,结合研究区城市总体规划,制订合理的综合利用方案,评价其在供暖、供热、烘干、温泉度假和旅游、医疗保健等方面的开发利用可能性。让地热能从高能位到低能位得以分级有效地充分利用,科学有序合理地发挥地热能的最大功能。

1.4.7 基于地热开发关键技术的地热产业化探索

地热科技攻关是推进地热产业化发展的基础,通过加强省内外科技协作与交流,着眼于河南省沿黄城市地热开发利用的现状和特点,以地热开发的整个过程为出发点,通过对以上开发技术与工程之间的关系的深入了解、抽象和总结,将这几项相互独立的技术通过通用开放的开发环境和应用平台,并采用面向对象技术设计有效的工程数据库,统一管理各种类型的勘查、实施、运行和监测资料,开发成一套能直接应用于地热开发的集成系统,结合河南省地热资源情况和开发利用成功经验,实现从地热勘查、开发、运行的一体化。初步探索出一条符合河南省沿黄城市的地热产业化经营道路,积极服务地方经济建设及社会民生。

第 2 章 河南省沿黄城市深层地热赋存规律研究

2.1 气象水文

研究区处于暖温带季风气候区,一般气候特点是春季干燥大风多、夏季炎热雨水丰沛、秋季晴和日照足、冬季寒冷雨雪少,多年平均气温一般稳定在 12～16 ℃,1 月-3～3 ℃,7 月 24～29 ℃,气温大体呈现东高西低、南高北低的特点,山地与平原间差异比较明显,气温年较差、日较差均较大,极端最低气温-21.7 ℃(1951 年 1 月 12 日,焦作),极端最高气温 44.2 ℃(1966 年 6 月 20 日,洛阳)。年平均降水量为 500～900 mm,南部及西部山区降水较多,全年降水量约 50%集中在夏季。

黄河自西向东横贯河南省中北部,主要支流有伊洛河、沁河、天然文岩渠等,境内流长 711 km,流域面积 3.6×10⁴ km²,占全省面积的 21.7%,三门峡水库和小浪底工程均在其干流上。其中,小浪底水利枢纽工程是治理黄河的关键水利工程。1991 年 9 月 12 日进行前期准备工程施工,1994 年 9 月 1 日主体工程正式开工,1997 年 10 月 28 日截流,2000 年初第 1 台机组投产发电,2001 年底主体工程全部完工,主要功能为治沙防洪,辅助功能为发电,被世界银行誉为该行与发展中国家合作项目的典范。水利枢纽风景区位于黄河中游最后一段峡谷的出口处,南距河南省洛阳市 40 km(小浪底大坝位于洛阳市孟津县小浪底村,距离洛阳市孟津县县城 7 km),北距河南省济源市 30 km。310 国道、207 国道、连霍高速和太澳高速从景区边缘通过。

2.2 地形地貌

研究区地貌显著的特点是西部为山地、丘陵和台地,东部为黄淮海平原。其地势是西高东低(见图 2-1),从西向东呈阶梯状下降,由西部的中山、低山、丘陵和台地,逐渐下降为平原。研究区在全国地貌中的位置,正处于第二级地貌台阶向第三级地貌台阶过渡的地带,西部的太行山、崤山、熊耳山、嵩箕山等山地,属于第二级地貌台阶,东部平原属于第三级地貌台阶。

研究区西部山地的主要山峰海拔多在 1 500 m 以上,较高的山峰海拔超过 2 000 m,灵宝境内的老鸦岔脑海拔 2 413.8 m,为河南省最高峰。河南省内较大的河流均发源于此,且山脉与河流谷地相间分布。

黄土分布在豫西山地与太行山之间的黄河流域,按形态可分为黄土陵(梁、峁)和黄土塬(台塬)。黄土陵(梁、峁)主要分布在郑州以西——偃师,黄土梁长轴方向多东西向或北西—南东向,黄土峁两侧对称,坡度平缓,面积较小;黄土塬(台塬)主要分布在孟津

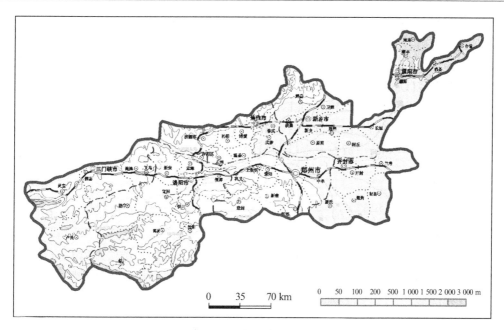

图 2-1　研究区地形地貌图

以西至灵宝一带以及洛河两岸,塬面较平坦,但微有倾斜,冲沟发育呈树枝状。其地貌特征与黄土高原有相似之处,也有显著的差别。

山间盆地包括洛阳盆地、灵宝—三门峡盆地。洛阳盆地为一北东向的中新生代山间断陷盆地,其周边被熊耳山、嵩山、崤山及邙山环绕,山前为黄土地貌、中部为河流地貌,总地势西高东低、南北高中间低,最低海拔 123 m;灵宝—三门峡盆地为一近东西向的山间断陷盆地,周边被中条山、小秦岭环绕,盆地东西长 90 km、南北宽 15 km,呈长条形,面积约 1 400 km²,盆地海拔在 450 m 以下,盆地内南部为黄土地貌、北部为河流地貌,总地势西高东低、南高北低。

东部平原以黄河大冲积扇为其主体。黄河由西向东横穿其中部,由于黄河是世界著名的"地上悬河",宽阔的河道高出两岸堤外平原 3~8 m,成为现代淮河和海河两大水系的分水岭。总的地势是西高东低,黄河以北略向北东倾斜,黄河以南略向东南倾斜。其海拔高度从西部、北部山地边缘的 200 m 左右及南部山地边缘的 120 m 左右逐渐下降至东部的 50 m 以下。由于历史上河流的频繁决口泛滥和改道,古河道高地、古河道洼地、沙丘沙地、古决口扇形地极为发育,成为平原上的一个显著特点。

2.3　地层岩性

2.3.1　古生界

2.3.1.1　寒武系(∈)

寒武系广泛出露于研究区西北部地区。下统由含磷长石石英砂岩、泥岩及白云岩、各类灰岩等组成,厚 32~160 m;中统中下部以泥、页岩、砂岩为主,厚 224~436 m;中统由厚层状鲕状灰岩、泥质条带灰岩、鲕状白云岩、白云岩等组成,厚 54~265 m;上统岩性以灰岩、鲕状灰岩、白云岩、白云质灰岩、含燧石团块白云岩、粗晶白云岩等组成,厚 100~450 m,平原区深埋。

2.3.1.2 奥陶系(O)

奥陶系主要分布于黄河沿线以北区域。中统马家沟组由厚层状灰岩、角砾状灰岩、白云质灰岩、白云岩、泥灰岩、泥质白云岩等组成,底部为砾岩、泥质白云岩,厚 14~590 m;下统主要分布于焦作以北,由燧石条带(团块)白云岩、白云岩等组成,厚 40~200 m。

2.3.2 新生界

研究区新生界沉积厚度大、分布广,蕴藏有丰富的地热、矿泉水资源。

2.3.2.1 新近系(N)

新近系主要出露在济源盆地、洛阳盆地、三门峡盆地、卢氏盆地(大峪组、雪花沟组),东部平原广泛沉积。岩性为一套成岩度较低的砂砾岩、砂岩、粉砂岩、砂质泥岩、黏土岩夹泥灰岩等。

(1)新近系明化镇组。

明化镇组分布较为广泛。顶板埋深一般为 100~400 m,底板埋深一般为 300~1 500 m,最大 1 700 m 左右,厚度一般为 200~800 m,最大厚度为开封凹陷及东明断陷,中心部位厚达 1 000 m 以上。

(2)新近系馆陶组。

馆陶组主要分布在东明断陷、开封凹陷、通许凸起中西部。底板埋深一般为 1 000~2 200 m,东明断陷、开封凹陷可达 2 400 m 以上,厚度一般为 200~600 m,最大厚度分布位置同明化镇组,厚达 800 m 以上。

2.3.2.2 古近系(E)

古近系主要分布于开封凹陷、东明断陷、济源盆地、洛阳盆地、灵宝—三门峡盆地、卢氏盆地(张家村组、卢氏组、大峪组)。为一组河湖相沉积含油泥砂岩建造,岩层一般胶结较好而不坚,且泥质岩石层较多,砂岩层较少,热储层地热流体富集性较差。

东部平原:主要在周口、开封凹陷和东明断陷等地揭露,自下而上分为孔店组、沙河街组、东营组。顶板埋深一般为 200~2 400 岩,地层厚度一般为 1 000~4 000 m,鹿邑凹陷厚度大于 5 000 m。岩性主要由泥岩与细砂岩、粉砂岩、含砾砂岩互层及页岩组成。其中,孔店组大部分地段缺失;沙河街组及东营组分布稳定,夹油页岩。

济源盆地:凹陷西部露头及凹陷内部均有揭露。顶板埋深一般小于 500 m,地层厚度一般为 1 000~5 000 m。自下而上分为聂庄组、余庄组、泽峪组、南姚组,岩性主要为厚层状砂岩及砾岩、中粗粒状长石石英砂岩、泥岩。

洛阳盆地:盆地边缘零星出露,内部广泛沉积。盆地内部顶板埋深一般小于 500 m,厚度 1 000~2 000 m,南薄北厚。自下而上分为陈宅沟组、蟒川组、石台街组,岩性主要由黏土岩、粉砂岩、含砾粗砂岩、泥灰岩、油页岩等组成。

灵宝—三门峡盆地:顶板埋深一般小于 1 000 m,厚度 500~1 000 m。自下而上分为门里组、坡底组、小安组、刘林河组,岩性主要由细砂岩、砂砾岩、泥灰岩等组成。

2.4　区域构造单元

研究区地质构造绝大多数位于中朝准地台一级大地构造单元(见图2-2)。二级分区划分为:山西台隆、华熊台缘凹陷、嵩箕台隆、华北台凹(汤阴断陷、内黄凸起、东明断陷、纪元开封凹陷、通许凸起)、鲁西中台隆。

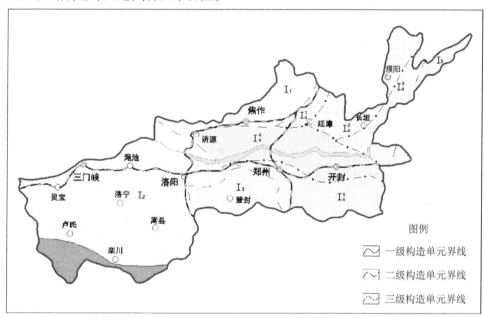

I_1—山西台隆;I_2—华熊台缘凹陷;I_3—嵩箕台隆;I_4—华北台凹;I_5—鲁西中台隆

图2-2　研究区地质构造单元图

凹陷区地表广为新生界覆盖,仅边缘地带有基岩零星出露。研究资料表明,印支运动期及其以前,华北凹陷与相邻构造单元基本为统一整体,地质构造特征基本相似。燕山运动期,西部隆升,东部下沉,形成凹陷。凹陷内燕山运动晚期—喜马拉雅运动早期,由于基底构造及断裂活动影响,做不均衡下沉,形成一系列次级断(凹)陷盆地和断块隆(凸)起。以新乡—商丘深断裂为界,以北凹陷和凸起均为北北东向,且相间分布,包括汤阴断陷、内黄凸起、东明断陷、菏泽凸起等。新商断裂以南地区,由于近东西向基底构造线方向和断裂影响,凹陷和凸起多呈东西向或北西向展布,包括济源—开封凹陷、通许凸起等。凸起区大部分地段缺失古近系,凹陷区古近系厚度最厚可达5 000 m以上。古近纪以后,本区继续大幅度下沉接受沉积,堆积了厚500~2 400 m以上的新近系、第四系松散堆积物。

2.5　地热区划分

根据河南省大地构造单元及各构造阶段沉积岩相与建造组合特征,结合热储成因和地温场特征将全省划分为沉积盆地和隆起山地两大地热区,其中沉积盆地地热区包括华北盆地(河南部分)和山间盆地。地热分区、热储类型和断裂构造关系图见图2-3。

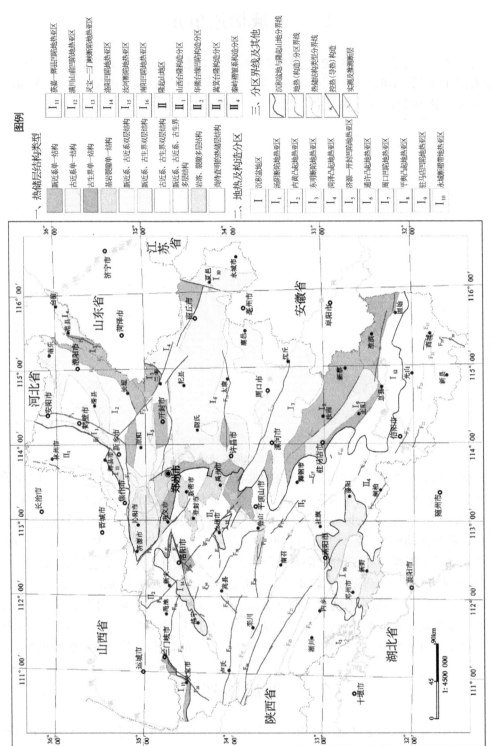

图2-3 地热分区、热储类型和断裂构造关系图

2.6　深部构造

河南省地质构造复杂,尤其是深部构造更是盘根错节、错综复杂。表 2-1 显示了研究区对地热地质条件影响较大的 18 条断裂,其中有 12 条(表中加黑字体)断裂控热、导热或导水作用明显,被划定为控热(导热)断裂。沿此断裂有不同程度的地热异常显示。

表 2-1　对地热地质影响较大的断裂一览表

断裂编号	断裂名称	断裂性质	和地热的关系
F₂	**青羊口断裂(汤西断裂)**	沿太行山与华北平原边界分布,呈北北东向延伸在鹤壁市东—新乡市太公泉一线,长约 80 km。断面向东陡倾,倾角约 67°,切割太古界—新近系地层,影响宽度 2~3 km,西盘上升,东盘下降,为高角度正断层,垂向落差达 1 000 m 以上。断裂附近有新生界岩浆岩分布	构成汤阴断陷地热亚区的西边界;新乡、鹤壁地热异常亦是该断裂具有导热性能的表现。是一条**控热导热断裂**
F₃	**太行山东麓断裂(汤东断裂)**	呈北北东向展布在安阳市—新乡市一线以东,为隐伏断裂。河南省境内长约 140 km。切割太古界—新近系地层,西侧为北北东向狭长洼地。东盘上升,西盘下降,为张性正断层。垂直落差一般 1 500~2 000 m,最大可达 5 000 m	构成汤阴断陷地热亚区的东边界,内黄凸起地热亚区的西边界。是一条**控热断裂**
F₄	长垣断裂	走向北北东,延伸在濮阳县清河—长垣东一线,长约 130 km。断面东倾,倾角 50° 以上。西盘上升,东盘下降,为正断层。一般落差 2 000 m,最大达 3 000 m。沿断裂有新近系基性火山岩喷溢	构成内黄凸起地热亚区的东边界和东明断陷地热亚区的西边界
F₅	黄河断裂	沿黄河呈北北东向展布在濮阳文留—长垣脑里西一线,长约 120 km。断面西倾,倾角在 50° 以上,西盘下降,东盘上升,为正断层。最大落差近 3 000 m	是东明断陷西部次凹陷带与中央隆起带分界断裂
F₆	**聊城—兰考断裂**	走向北北东,沿东明断陷与鲁西台隆边界呈"Y"形展布在山东聊城—河南兰考一线,长约 200 km。断面西倾,倾角 50°~70°,西盘下降,东盘上升,为正断层。落差一般 3 000~4 000 m,最大可达 6 000~7 500 m。该断裂控制了新生界的沉积厚度	是东明断陷地热亚区和菏泽凸起地热亚区的分界断裂,也是河南省重要的地震活动带。是一条**控热断裂**
F₇	**盘古寺—新乡断裂(太行山南麓山前断裂)**	位于太行山南麓,西起济源盘古寺以西经紫陵北,东至焦作柏山一带,继续延过新乡北至郎公庙。走向近东西,南倾,倾角 60°~70°。断裂长约 160 km,断距 700~1 000 m,最大达 1 500 m。断裂性质以压性为主,兼扭性,正断层,属纬向构造带。断裂北侧为太行山,南侧为济源盆地,沿断裂新生界沉积厚度达数千余米	该断裂为一强烈活动断裂,构成济源—开封凹陷地热亚区的东北边界;济源省庄地温场亦受该断裂控制。是一条**控热导热断裂**

续表 2-1

断裂编号	断裂名称	断裂性质	和地热的关系
F_8	新乡—商丘断裂	展布在新乡、兰考、商丘一带,是一条区域性大断裂带,河南省内长约 240 km,隐伏于第四系以下,总体呈北西西向,布格重力异常图上有显示。断面大部分向南倾斜,南盘下降,北盘上升,为正断层,断距 1 000～2 000 m,最大可达 6 000 m。断距带切割莫霍面,属长期活动的壳断裂,燕山期—喜马拉雅中期活动强烈,且近代仍在活动。该断裂也是河南省中朝准地台区两种不同方向构造线的分界线,北侧以北北东向及近南北向为主,南侧以近东西向或北西西向构造为主	与盘古寺—新乡断裂一起共同构成济源—开封凹陷地热亚区的北部边界。沿断裂带延津一带地热异常明显。是一条**控热导热断裂**
F_9	五指岭断裂	南起密县牛店,向北西经五指岭至青龙山过黄河,没入济源盆地西承留一带,全长约 105 km。早期强烈挤压,晚期扭。走向 310°,西北段倾向北东。该断裂形于燕山早期,区域上切割震旦系,古生界及古近系红层,为区域性活动深大断裂。控制着荥巩煤田西南部边界,构成济源—开封凹陷地热亚区西部边界	因其具多期活动性,断层破碎带岩石裂隙发育,构成深部热能上涌的良好通道。是一条**控热导热断裂**
F_{10}	三门峡—鲁山断裂	西起三门峡,向东经观音堂、宜阳南、鸣皋,向南平移至田湖,经九店、背孜至鲁山后被第四系覆盖,向东延至舞阳后向南经驻马店、正阳至息县。该断裂带为一长期活动断裂带,属复合型大型变形构造。倾向南西,倾角 35°～65°,断裂破碎带宽 50～200 m,由断层角砾岩、碎裂岩、断层泥等组成。三门峡—宜阳一带呈近东西向,宜阳以东呈北西向延伸,长大于 400 km,宽大于 10 km。断裂带最显著的特征是在中生代燕山期发生强烈的逆冲推覆活动,由一系列近平行展布的逆冲断层系构成	该断裂控水作用明显,在西段成为岩溶水的南部边界,东段构成基岩裂隙水与孔隙水的边界。沿该断裂有温泉出露。是一条**控热导热断裂**
F_{11}	郑州—陈留—民权断裂	由郑州北—中牟—陈留东—民权,断裂性质为压扭性,属纬向构造带。走向近东西,倾向北	控制济源—开封凹陷地热亚区的南沿
F_{17}	马超营—拐河—确山断裂	该断裂带西自陕西省延入河南省,向东经卢氏县潘河、马超营后南移至鲁山县赵村附近,向东经下汤、黄土岭、拐河、独树至确山县胡庙,再向东没入第四系,为一长期活动断裂带,属复合型大型变形构造。近东西—北西走向、南—南西倾向、陡倾为主。长大于 140 km,宽 5～10 km。断裂带最显著的活动是中生代燕山期强烈的挤压逆冲活动,形成宽达数千米的破碎带及强片理化带	该断裂具有较强的控热作用,沿着该断裂带,栾川境有汤池寺温泉(断裂的南侧)出露,鲁山境内有上汤、中汤、下汤等温泉出露

续表 2-1

断裂编号	断裂名称	断裂性质	和地热的关系
F_{22}	朱阳关—夏馆—桐柏—商城断裂	由陕西洛南进入河南,经朱阳关、夏馆、柳泉铺没入南阳盆地,至与振扶北又显露,经桐柏、信阳南定远店、王母观及商城入安徽,省内长 510 km,呈反"S"形延伸。断裂性质呈压—压扭性,属伏牛—大别弧形构造带。走向 290°~310°,信阳以东转为近东西向,倾向南西,倾角 50°,夏馆以西北倾,唐河以东,北倾。该断裂切过红层,控制新生代小型盆地	公元 46 年南阳 6.5 级地震及 1969 年以来马山口小震群的活动与其关系密切,南阳地热异常和该断裂有关
F_{25}	**温塘断裂**	亦称朱阳关—会兴断裂。由陕县会兴向南延伸,经温塘—磨头—独峪至瓦屋一线,长约 67 km。断裂性质为压扭性,属新华夏系。走向北东—北东东,倾向南东。该断裂切过新近系,控制新生代盆地。1820 年陕县 5 级地震和 1815 年平陆 6.75 级地震与其有关	控制温塘地热。是一条**控热导热断裂**
F_{26}	**伊河断裂**	为洛阳盆地南侧的边界断层,也是龙门地热田的北部边界。走向北东,倾向北西,为正断层。向北东复合于首阳山断层,延展长度约 6 km,落差约 2 500 m。形成于燕山晚期,控制着洛阳盆地的沉积厚度	是孔隙热储和岩溶热储的分界线。是一条**导热导水断裂**
F_{27}	故县镇—洛阳断裂	亦称洛河断裂或洛宁断裂。由洛阳—宜阳—鲍瑶—院西(隐伏)向西至樊村—中山镇—故县(显露),全长约 120 km。断裂性质属压扭性,属华夏式。走向北东 70°,倾向北西。该断裂控制洛宁新生代盆地的东南边界。1940 年洛阳 5 级地震,1963 年故县 2.3 级地震均与其有关	和新安断裂共同影响龙门山地热
F_{28}	**首阳山断裂**	亦称偃师断裂。西起洛阳北,东至伊洛河,垂直断距约 2 000 m,倾角大于 70°。北盘上升,南盘下降,为高角度正断层	寺沟温泉受其影响。是一条**控热导热断裂**
F_{33}	老鸦陈断裂	断层北西向白黄河老桥起,经邙山东侧、省体育馆东到耿庄,长约 35 km。走向 330°,倾向北东,倾角 60°~75°。断层北东盘下降,南西盘上升,断距 250~400 m,控制了新近系和第四系的沉积厚度。该断层新近系顶板在地震剖面上有错动显示。沿断裂 1974 年发生过 3.3 级地震,1968 年发生 4 级地震	是一条活动断裂,构成郑州市孔隙热储和裂隙热储的分界线
F_{34}	**瓦穴子—汤河断裂**	走向北北西,南倾,倾角 70°~80°,断裂带宽数十米至 400 m,沿该断裂带岩浆活动频繁,断裂具强挤压特征。该断裂与北西及北东向次级断裂、裂隙交会处,导热、导水作用明显	卢氏汤河温泉出露于断裂南侧的燕山期碎裂花岗斑岩中,断裂裂隙发育。是一条**控热导热断裂**

2.7 热储类型

根据河南省所处的大地构造环境、沉积相特征及地温场成因机制,河南省热储可分为沉积盆地传导型和隆起山地对流型两种类型。另外,在隆起山地和沉积盆地的局部地区存在对流—传导复合型热储,如温塘局部地段等。

2.7.1 沉积盆地传导型热储

沉积盆地传导型热储(层状热储),其展布特征一般为层状,主要分布于东部黄淮海平原及山间盆地,为河南省主要热储类型。该热储又进一步划分为孔隙型层状热储、岩溶型层状热储、基岩裂隙型层状热储、孔隙—岩溶型层状热储和岩溶—裂隙型层状热储。

2.7.1.1 孔隙型层状热储

孔隙型层状热储结构类型分为新近系单层结构热储、古近系单层结构热储和新近系古近系双层结构热储。

新近系单层结构热储主要分布在东明断陷地热亚区、济源—开封凹陷地热亚区开封市和新乡—延津一带。

古近系单层结构热储主要分布在济源—开封凹陷地热亚区沁阳—温县一带、洛阳凹陷地热亚区洛阳西—洛宁一带、汝河断陷地热亚区。

新近系古近系双层结构热储主要分布在汤阴断陷地热亚区、内黄凸起地热亚区南部、济源—开封凹陷地热亚区原阳—封丘—兰考—民权一线、灵宝—三门峡断陷地热亚区中部、洛阳凹陷地热亚区的洛阳—孟津一带。

新近系热储是河南省目前地热开发的主要热储层,其大部分为第四系覆盖。水温大于25 ℃的热储顶板埋深一般为400 m,底板埋深大部分地区为1 000~1 500 m。新近系热储层地热流体温度以温水为主,在华北盆地沉积较厚的凹陷区及凸起区的下部为热水。新近系热储层盖层为第四系及新近系顶部岩层。第四系下更新统岩性主要为黏性土夹粉细砂、细砂层,新近系顶部岩性北中部地区为泥岩夹粉细砂,南部为黏性土夹薄砂层。黏性土厚度大、较稳定、热阻率高,具有较强的隔热性能,为良好的保温盖层。

古近系裂隙孔隙型热储分布面积较新近系热储层小,但厚度大,属于封闭半封闭湖盆,系湖相与河流相叠置堆积物,岩性以泥岩为主。古近系地热流体温度以低温温热水及热水为主,凹陷区下部达中温。古近系热储埋深大、水量小、溶解性总固体含量高,在目前条件下,不具有很大的开发利用价值。

2.7.1.2 岩溶型层状热储

古生界岩溶型层状热储主要为寒武系、奥陶系裂隙岩溶热储,主要分布在通许凸起地热亚区西边界新郑一带、济源—开封凹陷地热亚区上街西南。

由于受构造控制,该热储裂隙、溶隙、溶洞发育程度不同,富水性不均,成井时须寻找有利构造部位,具有一定风险和难度,目前河南省该热储开采有限。

2.7.1.3 基岩裂隙型层状热储

基岩裂隙型层状热储主要分布在济源—开封凹陷地热亚区郑州—荥阳一线,河南省地矿局环境二院曾在此施工一眼地热井,热储层为 1 800~2 650 m 的三叠系砂岩及构造裂隙。涌水量为 36.5 m³/h,单位涌水量为 0.3 m³/(h·m),井口水温 62 ℃。该井的开发利用为郑州乃至荥阳市区开采深部砂岩层热水提供了借鉴。

2.7.1.4　孔隙—岩溶型层状热储

研究区孔隙—岩溶型层状热储主要为上部新近系下部古生界双层结构热储,分布在内黄凸起地热亚区中部,清丰—濮阳—滑县一线、菏泽凸起地热亚区范县—台前一带,通许凸起地热亚区中北部一带。

2.7.1.5　岩溶—裂隙型层状热储

岩溶—裂隙型层状热储包括上部岩溶下部裂隙双层结构和上部裂隙下部岩溶双层结构热储。

上部岩溶下部裂隙双层结构热储主要分布在获嘉—辉县凹陷地热亚区,此区施工一眼地热井,热储岩性上部(830~1 590 m)为寒武系白云质灰岩,下部(1 590~1 962 m)为震旦系石英砂岩。

上部裂隙下部岩溶双层结构热储主要分布在济源—开封凹陷地热亚区西南巩义一带,此区地热资料欠缺,有待于进一步研究。

2.7.2　沉积盆地传导和对流型热储

沉积盆地传导和对流型热储主要分布在灵宝—三门峡断陷地热亚区陕县温塘西北,富水性较好。

2.7.3　隆起山地对流型热储

隆起山地对流型热储(带状热储)分布于隆起山区,主要分布于由岩浆岩、变质岩和古生界沉积地层组成的基岩山区,热源主要靠地下水深循环后沿断裂通道或溶隙裂隙对流传递,地表水热活动最早以温泉的形式显示,但随着开采强度的加大,现如今大部分温泉都成了枯泉,其开发利用主要通过地热井的开采来实现。该类热储主要受活动断裂的控制,如洛阳凤翔山庄地热井由于受龙门断裂这一控热构造的影响,井深 1 202 m,温度达到了 94 ℃。根据控制热储形成的断裂构造附近的岩性不同,隆起山地热储可分为岩溶型带状热储和其他基岩裂隙型带状热储(花岗岩、火山岩、碎屑岩),热储带宽度受断裂构造破碎带宽度的制约,一般为数十米至数百米,宽者可达数千米。两种热储出露的温泉形成机制一致。相对于层状热储而言,带状热储中的地热流体补给周期较短,可视为可再生地下热水,地下热水补给来源为大气降水,根据地质构造条件、水温等推断,形成时间一般为数年至数十年。

古生界岩溶型带状热储,如郑州三李、济源省庄、洛阳龙门、陕县温塘,水温 25~69 ℃,涌水量一般 20~50 m³/h,水化学类型各地不一;其他裂隙型带状热储,如栾川汤池寺、卢氏汤河等,水温 40~64 ℃,涌水量一般 10~30 m³/h。带状热储盖层为上覆新生界、碎屑岩等,盖层一般较薄或缺失,隔热保温性能相对较差。

2.7.4　干热岩资源

根据河南省地质构造环境和地热异常显示,将河南省干热岩资源的赋存类型归类为沉积盆地型和构造活动带型两种基本类型。

沉积盆地型干热岩资源具有基岩覆盖层较大、表层地温梯度大、增温稳定的特点,深部热源向上传导到达覆盖层时,由于沉积覆盖层热导率小,阻止了热量的散失。本来干热岩资源虽然地表热流值并不太高,但由于热量在浅部的聚集,其基底岩体温度可以达到180 ℃以上。由于沉积覆盖层具有较高的地温梯度,通常与中高温水热型地热田共生。

构造活动带型干热岩资源主要分布在河南省西部山区的温泉出露带,太行山与济源盆地的交接地带地热异常区,太行山与济源—开封断陷盆地的交接地带地热异常区,嵩山与洛阳盆地的交接地带地热异常区,均与控热构造联系密切,是河南省构造活动最强烈的地区,具有产生强烈水热活动和孕育高温水热系统必要的构造条件。

受周边山前深大断裂的影响,下降盘的沉降在山体之间形成地势低于四周,有一定厚度的新生代沉积层,盖层较薄,厚度一般小于1 000 m。四周边界为控制性断裂,热水最高温度多介于60~90 ℃,地温梯度3~4 ℃/100 m,最高达6~8 ℃/100 m。主要分布在河南省西部山间盆地与山地地势转折带,强烈的地势高差,通常由区域性大断裂的上盘和下盘错动形成,这些区域性大断裂形成控热构造,沿断裂带地热异常明显。如嵩山与洛阳盆地的交接带的龙门山地热田、太行山与济源盆地的交接带的五龙口地热田为典型代表。

2.8 热储层特征

2.8.1 新近系热储层特征

新近系热储层是河南省沿黄城市目前地热开发的主要热储层。主要分布在沿黄东部平原及山间盆地,大都为第四系覆盖。热储顶板埋深一般为400 m,底板埋深一般为1 000~1 500 m,东明断陷、开封凹陷最深,达2 500 m左右,洛阳盆地、济源盆地及华北盆地的周边地区小于1 000 m。新近系热储层厚度一般为200~1 500 m,东部大于西部。东明断陷、开封凹陷最大厚度近2 500 m。热储岩性由粉细砂、中粒砂岩及含砾砂岩组成,顶底部隔水层为厚层黏土及粉质黏土(岩)。沿黄东部城市新近系热储层可进一步分为明化镇组和馆陶组。

2.8.1.1 明化镇组热储层

明化镇组热储层水位降深按20 m计算,明化镇组热储层富水性一般为20~100 m³/h,由山前至东增加。兰考一带属强富水,富水性大于100 m³/h;其次为长垣—开封—通许一线以东地区,富水性50~100 m³/h;濮阳东南一带富水性较弱,小于20 m³/h。热储层水温25~50 ℃。

明化镇组热储层水质一般较好,山前地带以HCO_3-Ca(Ca·Mg)为主,东部以HCO_3-Na型水为主。溶解性总固体一般为0.5~1.0 g/L,东北部濮阳及商丘一带为1.0~3.0 mg/L。偏硅酸含量一般为15~90 mg/L;锶含量一般为0.2~1.3 mg/L;氟化物含量一般小于0.5 mg/L,东明断陷及菏泽凸起大于2.0 mg/L。

2.8.1.2 馆陶组热储层

馆陶组热储层富水性弱于明化镇组,一般为40~100 m³/h,总体由山前向平原增大。

濮阳—长垣—开封一带富水性较好,可达 40~80 m³/h;西部地区富水性弱。热储层地热流体水温一般大于 40 ℃。馆陶组热储层是研究区东部平原地热水主要的开采层。

馆陶组热储层水质相对较差,水化学类型差异较大。郑州以 HCO₃-Na 型为主,开封一带为 Cl-Na 型,新乡一带以 Cl·SO₄-Na 型为主,濮阳一带主要为 Cl·SO₄-Na 型。该热储层溶解性总固体一般为 1.0~3.0 g/L,濮阳—长垣—开封一带大于 3.0 g/L,局部达 4.0~5.0 g/L,郑州一带小于 1.0 g/L。总硬度 200~400 mg/L。

2.8.2 古近系热储层特征

古近系热储层主要分布在凹陷区的深凹陷内及山间盆地,其次为凹陷区凹陷与凸起交接部位局部。古近系热储层分布面积较新近系热储层小,但厚度大,属于封闭、半封闭湖盆,是湖相与河流相叠置堆积物,岩性以泥岩为主,主要为生油岩系。顶板埋深为 500~2 400 m,底板埋深一般为 1 000~7 000 m。地层总厚度 1 000~5 000 m,东明断陷、济源—开封凹陷厚度较大。含水介质岩性主要为细砂岩、粉砂岩、砂砾岩等。

古近系形成时,地形起伏较大,热储层因削高填凹形成,搬运距离短,分选性差,泥质含量高,胶结程度较高,热储的富水性及导水性较差。根据洛阳、孟州、温县、沁阳、灵宝等地地热井资料,井深为 1 000~1 700 m,水温为 40~60 ℃,单井涌水量为 5~60 m³/h,水化学及涌水量各地差异较大,水质总体较差。

三门峡盆地单井涌水量 8 m³/h;水化学类型以 Cl-Na 型为主;pH 7.7~8.1;总溶固 1.5~1.8 g/L,总硬度 81~95 mg/L;F⁻含量 1.04~1.2 mg/L;碘化物含量 6.0~8.0 mg/L,为含碘水。

济源盆地、洛阳盆地单井涌水量一般为 10~20 m³/h;水化学类型以 SO₄·Cl-Na·Ca 型及 Cl·SO₄-Na 型为主;pH 7.4~7.9;总溶固 3.08~9.6 g/L,总硬度 87.5~1 103.5 mg/L;F⁻含量 2.0~2.9 mg/L,多为含氟水。

开封凹陷开参 3 井 3 363.6~3 548 m 井段,水化学类型为 Cl-Na·Ca 型,总溶固 35.72 g/L。

东明断陷开 9 井 2 317.83 m 井段,水化学类型为 Cl-Na 型,总溶固 62.46 g/L。

2.8.3 古生界热储层特征

古生界溶蚀裂隙型热储主要为寒武系、奥陶系岩溶—裂隙型热储,主要分布于华北凹陷盆地,除内黄凸起的核部及凹陷边缘缺失外,大部分地区均有分布,多隐伏于盖层之下。根据钻孔及物探资料,凸起区热储顶板埋深一般小于 2 000 m;凹(断)陷区埋深多大于 4 000 m,开封凹陷济源次凹大于 6 000 m。热储岩性以灰岩、白云岩为主,厚度一般小于 1 000 m。

寒武系、奥陶系堆积后地壳上升,长期遭受剥蚀,至中生代及新生代古近纪时,凹陷内凸起区又一次上升遭受剥蚀,两次剥蚀期均使碳酸盐岩裸露区受到强烈剥蚀,顶板以下 500 m 内岩溶、裂隙较发育,形成良好的热储层,但随深度增加和水交替条件变弱,岩溶发育程度由强到弱,500 m 以下基本不发育。由于受构造控制,热储裂隙、溶隙、溶洞发育程度不同,富水性不均。在构造带附近,岩溶、裂隙发育,富水性较好。

东部平原大部分地区均有古生界碳酸盐岩分布,呈隐伏状态。凸起区,顶板埋深一般小于 2 000 m,适宜开采。凹(断)陷区,大部分埋藏深度较大,顶板埋深一般大于 4 000 m,开采不经济。裂隙、溶洞发育程度随深度增加渐弱,构造位置不同,其水温、水质、水量有较大差异,涌水量与构造关系密切,一般近山前地带水质好,远离山前的平原地区水质差。

2.8.4 带状(裂隙、溶蚀裂隙)热储

带状热储分布于隆起山区,由岩浆岩、变质岩和古生界沉积岩组成。其地热多以温泉形式显示,温泉的形成主要受活动性断裂控制。按控制温泉形成的断裂构造附近岩性的不同,隆起山区热储可分为碳酸盐岩溶蚀裂隙型带状热储和其他基岩裂隙型带状热储(花岗岩、火山岩、碎屑岩),热储带宽度受断裂构造破碎带宽度的制约,一般为数十米至数百米,宽者可达数千米。两种热储出露的温泉形成机制一致,相对于层状热储而言,带状热储中的地热流体补给周期较短,可视为可再生地下热水,地下热水补给来源为大气降水,根据地质构造条件、水温等推断,形成时间一般为数年至数十年。

热储的形式主要是基岩裂隙和溶洞孔隙,隔水盖层主要是页岩、泥岩或裂隙、孔隙不发育、不透水的结晶岩。区内的热水通道主要是断裂和溶洞裂隙,地壳深部的热水通过某些断裂和裂隙带直接导出地表,形成温泉。以往发现的地热天然露头有 13 处,现大部分已干涸,打井取水。这种热储类型,断裂带和裂隙带常常是控制热异常的重要因素,热水多沿深大断裂形成和分布,一般为开放的脉状深循环对流系统,也有层状断块沿断裂溢出的传导—对流系统。

2.8.5 干热岩资源分布及其特征

目前,河南省的干热岩尚处于调查评价阶段,2017～2018 年开展的"河南省干热岩资源潜力调查评价"项目按照地幔软流圈底劈理论,结合大地热流值和地热开发情况研究分析,初步确定洛阳龙门山和济源五龙口地区是河南省干热岩勘查的靶区之一。初步评价在 4 000～5 000 m 深度,有望找到温度 150～200 ℃的干热岩。

2.8.5.1 洛阳龙门山

干热岩热储岩性:为太古界片麻岩。

热储层埋深:盖层岩性为寒武系灰岩、二叠系砂岩、三叠系砂泥岩。推测厚度约 2 000 m。

地温梯度:洛阳凤翔山庄 2 号地热井,开采层段 770～1 202 m,含水层为寒武系灰岩,水温 106 ℃。根据龙门山附近地热井推算,地温梯度 7 ℃/100 m 左右。

地表地热显示:龙门温泉水温 47 ℃。

断裂构造:处在宜阳—回郭镇大断裂、新安—伊川半坡镇断裂、新安—伊川断裂多条深大断裂的交会处。

2.8.5.2 济源五龙口

干热岩热储岩性:为太古界片麻岩。

热储层埋深:在五龙口正断层以北,地层缺失古近系、二叠系、石炭系。五龙口一钻孔

资料显示,第四系厚度约 50 m,奥陶系厚度约 150 m,寒武系厚度约 130 m,太古界顶面埋深约 300 m。在五龙口正断层以南,太古界顶面埋深逐渐变大,以上盖层分布有厚约 500 m 的新生界和厚约 1 200 m 的古生界地层,元古界地层很薄,厚度不足 100 m,太古界顶面埋深约 1 800 m。

地温梯度:水热型地热显示明显,340 m 测井地温 101 ℃,是河南省同深度地温指标最高的地区。通过调查,一眼井深 29.41 m,水温 51 ℃;一眼井深 47.4 m,水温 56 ℃;五龙口温泉宾馆开采井 100 m,水温 81 ℃。根据调查的地热井推算,地温梯度 26.5 ℃/100 m 左右。

地表地热显示:五龙口温泉水温 59 ℃。

断裂构造:盘古寺和五龙口正断层奠定了本区域构造的基本格局,并与其伴生断层组成规模巨大的断层带。五龙口地热区位于 F_{17} 断层与 F_{25} 断层交会处的迎水地段。盘古寺断层是区域活动性深大断裂,断层倾向南,倾角 50°~70°,走向近东西,为正断层。

2.9　矿泉水分布特征

根据《河南省地热、矿泉水资源调查报告》(河南省地质环境监测院,2007 年)天然矿泉水分布特征,研究区饮用天然矿泉水主要集中在洛阳以东、开封以西、黄河以南的区域(见图 2-4)。矿泉水主要赋存于新生界新近系和第四系松散岩含水介质中,赋存深度多在 1 200 m 以浅,以新近系明化镇组(N_2)为主,其次分布于古生界碳酸盐岩。

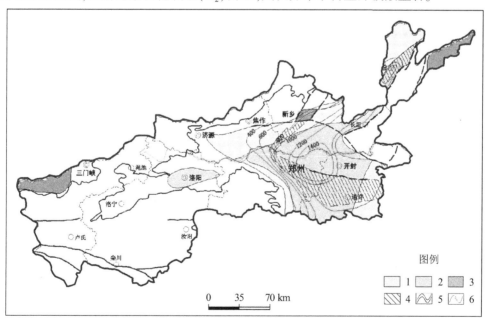

1~3 示上层(东部平原 N_2 为主,西部盆地为 N):1—锶型;2—锶·偏硅酸型;3—锶·碘型。

4~6 示下层(平原 N_1 为主,盆地为 E):4—锶·偏硅酸型;5—类型界线;6—矿泉水底板等深线(m)

图 2-4　天然矿泉水区域分布图

　　按照类型分布,锶型矿泉水主要分布在太行山前及嵩箕山前地带、洛阳盆地、黄河冲积平原的北部;锶·偏硅酸型主要分布在黄河冲积平原中部的郑州—开封和洛阳地区;锶·碘型零星分布在新乡、灵宝等地。

　　河南省饮用矿泉水开发比较单一,基本为直接生产利用其水质,对饮用矿泉水的热量的利用尚未涉及。从地热资源梯级开发利用角度讲,饮用矿泉水在生产矿泉水前一环节可以先从中提取热能,然后进行生产灌装或饮用。提取的热能可以用来供暖、洗浴、烘干、温室种植、养殖等,可以大大提高矿泉水利用效率,节省能源。饮用矿泉水水源地保护区范围内,水质较其他地区不同,回灌水源来源困难,不建议对该地区进行回灌。

第 3 章　地热开发利用关键技术研究

3.1　地热勘探技术研究

储、盖、通、源是对地热形成条件的简述,指地下热水富集一般要具备 4 个条件,其一是热储,其二是盖层,其三是导水导热通道,其四是热源,缺一不可。在地热资源开发中,如果勘查工作未做到位,未能查明热储层的岩性、空间分布、构造等特征,将井位定于不合适的位置,造成水温水量偏小甚至不出水,这类案例数不胜数。

3.1.1　物探技术研究

地热地球物理勘探是以地热资源勘查为目的的地球物理勘查方法的统称。

地球物理勘探是以地壳中各种岩矿石间的物理性质差异(如密度、磁性、电性、弹性、放射性差异等)为物质基础,利用物理学原理,通过观测和研究因岩矿石物理性质差异而引起相应的地球物理场(如重力场、地磁场、电场等)在空间上的局部变化(称为地球物理异常),就可以推断地下地质构造的赋存状况,进而达到地质调查的目的。简略地说,地球物理勘探就是用专门的地球物理勘探仪器观测物探异常,研究异常与产生该异常的地质体之间的关系,达到解决地质问题的目的。形象地说,地球物理勘探就是在地表(或以上)用仪器观测异常,研究分析异常与异常源的关系。

地球物理勘探的应用范围:研究全球构造,划分地质单元,查明地质构造,寻找矿产资源和解决工程地质、水文地质以及环境监测等问题。

地球物理勘探的限制条件:探测对象与围岩间必须有明显的物理性质差异;探测对象要有一定的规模,且埋藏深度不太大;各种干扰因素产生的干扰异常相对于探测对象的异常应足够弱,或者具有不同的特征,以便能够予以分辨或消除。

目前,河南省地热地球物理勘探使用较多的是电磁方法,重磁、人工地震等方法使用较少,考虑到地球物理方法的多解性以及不同方法的侧重点不同,应开展联合勘探。

3.1.1.1　重磁法勘探

引起重磁异常的物性参数为密度和磁化率。利用重磁法勘探高温岩体,一方面,通过重磁测量的数据研究地热目标的构造体系,分析地热的成因环境;另一方面,温度的变化也影响磁化率的变化,这种变化主要体现在对磁性矿物的去磁作用。特别是当温度升高到居里点温度时,岩石磁性消失,这一规律成为研究深部热源的重要线索。不同类型岩石的磁性不同,酸性侵入岩有弱磁性,基性岩具有强磁性,而沉积岩和由沉积岩变质的变质岩具有相对的弱磁性,可以用重磁法确定高温岩体的岩石类型。另外,随着温度的升高,密度具有明显的降低,也成为重磁法勘探高温岩体的重要基础。

利用重磁异常特征可以判断断裂。断裂带上的重磁异常特征:重磁异常的线性梯度带;异常特征的分界线:大规模区域性断裂往往是不同构造单元的分界,断裂两侧重磁异常特征差异明显;异常的错动:反映了平推断裂,等值线的规则性扭曲;异常宽度突变带:反映了两侧有垂向升降运动;串珠状磁异常:反映了岩浆岩侵入和火成岩充填。

磁法勘探可分为航空磁测、地面高精度磁测。

重力勘探方法是通过测量不同岩(矿)石密度差异所引起的重力异常,以达到寻找深大构造断裂、基岩凹陷中的凸起构造等地下热水存在的有利部位的目的。一般中新生代、古生代、元古代、太古宙地层与岩体多存在一定的密度差异,具备重力勘探地热的地球物理前提。

河南省对区域重磁资料在地热方面的运用不够,需要进一步开展专题研究,提高资料解释能力,细化选区重磁资料。

3.1.1.2 电法勘探

在地热勘查中电法勘探是一种比较简捷的方法。应用电法勘探的目的在于探测与地下热水有成因关系的断裂构造位置,圈定地下热水分布范围,确定覆盖层厚度、热源的位置以及隐伏基岩岩性。

电性参数是地球物理电法、电磁法勘探中最重要的参数,也是应用于高温岩体勘察的方法基础。构造带、地热田的生储盖等不同部位具有明显的电阻率差异;随着温度的升高,电阻率发生很大的变化,这推动了各类电法勘探在地热勘查中的广泛应用。试验研究表明,随着温度的升高,岩石电阻率会慢慢降低,在 100 ℃ 以下时变化比较明显,而在高于 200 ℃ 时变化开始减小。因此,电法勘探在地热资源勘查中有着非常良好的应用前景。

最早应用于地热勘探的地球物理勘探方法当属直流电阻率剖面法。我国 20 世纪 80 年代在西藏羊八井地热田上使用该方法进行 30 Ω·m 等值线圈定地热田边界,取得了良好的效果,在该地区地球物理勘探的诸多成果也大大地推动了地热地球物理勘探的发展。

直流电阻率法勘查地热田主要使用电测深法和各种剖面法。电测深可以用于圈定热田的范围,对热田的盖层和储热体厚度进行定量解释。此外,电测深资料可以用于推测主要填充物是热水或是蒸汽。如果多控储集体中填充的是含盐热水,则会出现电阻率负异常,热区以外电阻率值迅速升高;如果储集的是蒸汽,则中心区会出现电阻率正异常。采用对称四极剖面法,可以使用不同的电极距来探测不同深度的岩层电性变化,从而确定地热中心区或者断裂带等控热构造的位置。

现今的地热资源勘查中,常使用高密度电阻率法进行浅层地热勘探。高密度电阻率法实质上属于直流电阻率法,与常规电阻率法一样,它通过 A、B 点间向地下供电流 I,然后在 M、N 极之间测量电位差 ΔU,从而求得地层的视电阻率值。不同之处是它的装置是一种组合式剖面装置,通过仪器控制进行点转换组合测量,测量效率较高,测量点数较多,从而获得了相对较多的地层信息。

实际工作中一般选用 α 排列装置,如图 3-1 所示,由 AB 极供电 MN 接收,$AM = MN = NB$,每测量完一个点,则整个装置向前移动一个单位长度(A 处到 M 处,其他依次),当整条测线测完,则 AM、MN、NB 均增大一倍,继续滚动式测量,因此得出的数据剖面呈现倒梯形的形态。

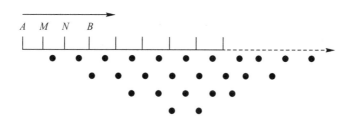

图 3-1 高密度电阻率法的 α 排列装置的工作模式

直流电阻率法与当今最流行的电磁法勘探相比,有其自己的特点:理论通俗易懂,发射信号简单稳定,资料处理和解释相对简单。但是,直流电阻率法对发射机的供电要求较高,直流电易受高阻层屏蔽,电流不易供到地下深处。因此,虽然直流电阻率法在地热勘探领域应用历史悠久,但随着技术的进步,现如今的地热勘探更多的是使用电磁法对深部控热构造进行勘探。

3.1.1.3 电磁法勘探

大地电磁(MT)和音频大地电磁(AMT)都采用天然场源(大地电磁的信号主要来自于从太阳和宇宙射出的高速带电粒子流到达电离层与地磁场发生作用形成的电磁波,而音频大地电磁的信号来自赤道附近的雷电产生的电磁波),然后通过阻抗与电阻率的关系计算视电阻率,从而通过反演视电阻率来了解地下电性结构。该方法采用天然场源,成本低,设备轻便,不受高阻层屏蔽。尤其是大地电磁测深勘探深度能达到数百千米,在地热勘探中可以用于研究深部控热构造和圈定结晶基底的位置。

因为场源信号的不同,音频大地电磁测深采集高频信号(1~10 000 Hz),一般探测的是较浅的层位,适合进行几十米到几百米的浅层地热勘探。该方法比较有利于寻找良导体,因此用来寻找浅层的以热水为主的地热田。而大地电磁测深采集频率要低于音频大地电磁测深(1/2 000~300 Hz),可以研究深达几十千米甚至上百千米的上地幔构造。在地热普查阶段,可用来寻找深部的低阻层和基底隆起,以圈定可能存在热田的有利地区;在随后的勘探阶段,可以借助 MT 方法来圈定基底的位置,计算盖层的厚度以及划定地热田的范围。

大地电磁(MT)和音频大地电磁(AMT)法随着频率的降低,探测的深度深,但由于它用的是自然场源,所获得信号微弱,容易受到人为场源的干扰。使用人工场源的音频大地电磁法,称为可控源音频大地电磁(CSAMT)法,有很有效的探测深度,抗干扰能力也大,分辨率较高,它可以穿过高阻层,在地热资源勘查中具有较好的应用,可反映地热存储条件和热储空间的分布情况。

其他电磁勘探方法如下:

(1)大地电磁频谱探测法,是利用宇宙自然场引起的大地电磁频谱效应,进行大地电磁频谱被动式探测,最大探测深度达 7 km。目前使用该方法可对测点处地下地质情况的探测,寻找地下淡水层的位置,为钻井预测地热层深度和厚度提供信息。

(2)可控源场频大地电流测深(CSAMT)法,是利用接地水平电偶源或水平线圈形成的谐变电磁场为信号的电磁测深方法。CSAMT 是使用人工发射的声频电流场(频率范围为 0.125~4 096 Hz),在测点上通过改变频率同时观测互相垂直的电场(E_x)和磁场(H_y)

分量,计算出视电阻率,继而绘制出视电阻率断面图并进行综合解释。

该方法由于信噪比高、重复性好,加上横向分辨率高,不受高、低阻层屏蔽,易于解释且成本低廉,广泛应用于油气、煤田、金属矿、地热及工程地质勘探等方面。最大勘探深度在2 000 m左右,适用于一维或已知构造主轴的二维地区。

此外,还有大偏移距时间域电磁法(LOTEM)和小偏移距时间域电磁法(TEM)。

时间域IP法是以研究地下地质体的电阻率差异为基础的电法勘探方法。为揭露地下地质体的电阻率变化情况需建立人工电场,进而观测和研究地下电场,并利用电阻率不均匀体存在所反映的变化规律,来达到探测地下构造、岩体的目的。

3.1.1.4　地震勘探

地震勘探是以不同岩矿石间的弹性差异为基础,研究地震波场变化规律的方法。人工激发的地震波在弹性不同的地层内传播,当地层岩石的弹性参数发生变化时,地震波的运动学和动力学特征会发生改变,通过仪器将地震波记录存储,根据其变化规律可以对地下地质体进行研究解释,以达到探测的目的。地震勘探与其他物探方法相比,没有高阻屏蔽的限制,且具有精度高、分辨率高、探测深度大的优势。

地震勘探包括反射法和折射法两种。反射法利用不同物理特性的岩石间的地下界面的反射能。折射法利用沿着一个界面水平折射再回到地表面的地震波。这两种方法均可用于测定地下储热层构造和轮廓以及基底岩石的深度。经过多年的理论研究和实际工作,人工源地震反射法和折射法都已经在地热勘探中得到广泛的应用。由于折射法在地下5~10 km的深度取得足够有效信息绘制剖面的难度高,成本大,另外考虑到深部控热构造的结构十分复杂,该方法在地热勘探中的应用相对较少。恰恰相反,地震反射法勘探在上面所述的两类情况下都能够表现得更为出色,在地震反射剖面上,连续的同相轴可清晰地标示地层的分层和基底的位置与范围,而同相轴的错断和缺失则可以很好地反映地下断裂带的分层与走向。

岩石的力学性质随着温度的升高将发生很大变化,最明显的变化规律是随着温度的升高,岩石的纵波速度降低,横波速度逐渐减少并趋于零,所以可以通过传播时间来获得高分辨率三维纵波和横波速度结构。

人工源地震勘探方法因为其高昂的施工成本以及对测区的地理环境要求较高,在地热勘探中一般只能用于精细测量,不适合大面积的普查作业。

人工地震勘探作为一种超深的地球物理勘探方法,弥补了时间域电法勘探在高阻屏蔽和深度上的限制。

3.1.1.5　放射性、地球化学方法

氡气测量是一种便利有效的放射性探测技术,在众多领域中得到了广泛应用。地层、岩体中含有丰富的天然放射性元素,其中又以铀(^{235}U)的同位素所占比例最大。目前在地热勘查中投入的方法种类繁多,按其专业可分为地热地质、遥感、地球物理、地球化学、同位素地质、钻探工程以及化验分析等。由于篇幅有限,下面侧重介绍地球物理、地球化学、同位素地质等方法在地热勘探中应用的基本原理和技术及其方法的有效组合。

土壤汞量测量表明,在国内许多高、低温热田上均有汞量异常显示。

北京地热田Hg量测量对埋深288 m、369 m和1 057.7 m的地下热水都有很好的地

面异常反映。在西藏羊八井热田中除 Hg 量外,As、Sb、Bi 及碱金属元素测量也取得明显效果。

A 法径迹、Po218 测量 A 法径迹、Po218 测量也是很有前景的方法。来源于地壳深部的这些元素沿着断裂或裂隙通道运移,它们的异常位置可以反映隐伏深大断裂的存在部位及地下热水运移通道在地面上的延伸。

水文地球化学应用氢氧稳定同位素作为示踪剂,在地热田研究中具有重要作用。它不仅可以指示地下热水的成因及补给源,而且还可以提供有关地下热水的循环途径和圈定热场、范围等信息。

3.1.1.6　地热测井

地热异常区即地壳深部存在的热流地温梯度高于地壳平均值的地区。一般测得的地壳平均热流值为 1.5 热流单位,地壳平均地温梯度为 3.0 ℃/100 m。

测温勘探不仅能圈出浅部的地热异常,还能把隐伏的地下热水探查出来,它可以指导地热勘探,并对地热异常做出评价。

测温勘探是依据存在于地球内部的热量可以通过热的传导作用而不断地向地表扩散的原理,通过测量在地表以下一定深度的温度,圈出地热异常区,大致推断出地下热水的分布范围,或反映出在一定深度上的地热异常中心位置,指导勘探深部的隐伏热储。

测温测量方法可分为浅层温度测量、地温梯度(15~100 m)测量和热流测量(>100 m)。

浅层地温测量通常可直接利用水文地球化学的取样点在 1~5 m 的深度内进行,此已成为地热勘查中最直观、最经济、最有效的方法之一。如与地球物理、水文地球化学(如氢氧稳定同位素)等方法配合使用,效果更为理想。

地热测井包括电阻率、自电、天然放射性等方法。

从手段上还分为随钻测井、高精度数字测井等。目前已跨出纯地球物理勘探行列,并与其他专业相互交融。

3.1.1.7　小结

应用于地热资源勘探的方法有很多,在实际应用时,对高温岩体的勘探应采用综合物探方法进行,以避免采用单一方法在深度、广度、精度方面的不足,而且单一物探方法有时具有多解性,如高温热水和蚀变矿物都能引起低阻,高温岩体视电阻率低,但视电阻率低的地方不一定都有高温岩体。而通过综合物探可获得地质构造条件、地热赋存范围、空间位置等资料。因此,为了更好地查明高温岩体的地质条件、热储特征、地热资源量,合理地评价开采技术和经济条件,在对高温岩体勘探时,应以综合物探方法为主。受经费条件的影响,目前河南省地热资源勘探使用手段较少,规模不大。

3.1.2　钻探技术研究

地热资源开发的关键技术之一是钻井工程,只有通过钻井才可能将地球深部的地热能源进行开采和利用。同时,钻井工艺和质量直接影响着地热资源的评价和开采。目前,地热钻井工艺单一,存在施工周期长、钻井效率低等问题,这些问题严重影响着地热清洁能源的开发。所以,针对地热资源钻井领域开展多工艺钻进技术研究,以提高地热钻井效率和质量为目的,对促进地热产业发展及提高其经济效益、社会效益和环境效益具有重要的意义。

　　沿黄城市分布有松散岩类孔隙型、裂隙岩溶型和裂隙型地热资源。松散岩类地层的特点是：地层破碎、松散，地层不稳定，钻进时易出现漏失、坍塌、掉块、缩径、超径等事故；裂隙岩溶型和裂隙型地层的特点是：岩石较硬、坚硬、破碎或构造带处掉块、漏失，钻进时效率低，易出现卡钻、埋钻、钻井液不循环等问题。

　　地热钻探是地热开发利用的主要手段，是地热资源开发成败、成本大小的关键因素。基岩热储资源量大，但其地质构造演化复杂，常规地热钻探存在成本高、钻进效率低、事故频发等问题，所以本次主要对空气潜孔锤钻井技术、泡沫增压泵钻井技术、气举反循环钻井技术、定向钻井技术等进行分析研究。

3.1.2.1　空气潜孔锤钻井技术

　　空气潜孔锤钻井技术是把破碎岩石的钻头和一个能产生冲击的气动冲击器潜入孔内进行钻进的一种技术。气动冲击器以压缩空气为动力，产生的冲击能量直接传给钻头，同时钻机带动钻头回转，形成对岩石的破碎，利用冲击器工作后排出的压缩空气对钻头进行冷却和携带钻进时刻取的岩屑，从而实现冲击回转钻进。

　　该技术的特点是：

　　(1)碎岩效率高、成井周期短。一般情况下，5~6级岩石的钻进效率可达10 m/h左右，7~8级岩石的钻进效率可达5 m/h以上，比常规回转钻进提高几倍甚至几十倍。

　　(2)成井质量高，完井后不用再洗井。

3.1.2.2　泡沫增压泵钻井技术

　　泡沫增压泵钻井技术是针对地质条件复杂，钻探现场严重缺水，采用泥浆钻探，孔内漏失严重，为此常发生埋钻和卡钻事故等钻探难题而首创的新型钻探技术方法。泡沫增压泵是由改装的水泵和低压空压机，再配上一台向水泵灌注泡沫液的灌注泵而构成的压送气液混合物的特殊压送系统。增压泵吸入泡沫混合液体和低压压缩空气，将吸入的泡沫混合液体和低压压缩空气进行二次压缩增压，使其达到钻进所需的压力后，与泡沫液一起送至孔内，进行空气泡沫钻进。泡沫增压泵可将0.7 MPa的低压空气增压到7~8 MPa。

　　该技术的特点是：用低压空压机可实现深孔泡沫钻进，钻进深度达1 000 m以上；可减少设备投入，节省使用成本；泡沫携带岩粉能力强，孔底干净，避免了重复破碎，可大幅度提高钻进效率；泡沫钻进可大大减少裂隙和空洞地层中空气的漏失；另外泡沫钻进要求上返速度低，因此泡沫钻进时其风量可比纯空气钻进时减少近20倍，动力消耗也比空气钻进时要低；泡沫有一定的润滑与减阻作用，有利于减少钻具的磨损和减振，可允许钻杆高速回转，加之孔底干净，可延长钻头的寿命。

3.1.2.3　气举反循环钻井技术

　　气举反循环钻井技术的工作原理是将压缩空气通过气水龙头等供气管路送至孔内的气水混合器，同时将压缩空气与钻具内的钻井液混合，形成比重小的多态混合液。混合液在钻具内外液面压力差的作用下，沿钻具内腔返出至地表，钻井液去除固相颗粒后重新返流入井内环状间隙，形成反循环。

　　该技术的特点是：

　　(1)冲洗介质上返速度快，钻进产生的大粒径岩屑能及时排出，避免了重复破碎过程,能极大地提升钻进效率,同时可通过岩屑鉴别地层,从而达到地质勘探的目的。

(2)可解决钻井液漏失问题,保护含水层不受污染。由于钻进时的欠平衡作用,液柱对地层压力小,可减缓或者避免钻井液的漏失。

(3)若地层条件许可,气举反循环钻井可以直接用清水或地下水作为钻井液,节约了钻井液材料费用,大大降低了成本,且避免了钻井液材料堵塞含水层。

(4)与泵吸反循环和射流反循环相比,气举反循环钻井可用于较深的钻孔,目前采用该技术钻进深度已达 3 000 m 以上。

(5)钻具、钻头使用寿命长,并可减少泥浆泵损耗。

(6)气举反循环钻进时,岩屑、岩粉从钻杆内空返出至地面,避免了污染、堵塞含水层。

(7)气举反循环钻进成井质量好,辅助时间少,劳动强度低。

(8)孔浅时循环无法建立,气举反循环钻井不能实现,需要联合其他钻井工艺开孔。

(9)对井底工作面的冲洗能力比较差,特别是径向的流速比较低,无法起到正循环钻进时钻井液对孔底岩石的高压喷射、冲刷作用。

(10)气举反循环钻进所需的钻具复杂,钻具质量较大,因此对钻塔、天车等设备要求高。

3.1.2.4　定向钻井技术

定向钻井技术是当今世界最先进的钻井技术之一,它是由无磁传感控制钻头运动轨迹,使钻头沿着特定方向钻达地下预定目标的钻井工艺技术。采用定向钻井技术可以使地面和地下条件受到限制的地热资源得到经济有效的开发,具有显著的经济效益和社会效益。

1.定向井基本概念

定向井就是使井身沿着预先设计的井斜和方位钻达目的层的钻井方法。其剖面主要有三类:①两段型:垂直段+造斜段;②三段型:垂直段+造斜段+稳斜段;③五段型:上部垂直段+造斜段+稳斜段+降斜段+下部垂直段。

2.定向井基本应用

(1)地面限制:埋藏在高山、城镇、森林、沼泽海洋、湖泊、河流等地貌复杂的地下,或井场设置和搬家安装碰到障碍时,通常在它们附近钻定向井。

(2)地下地质条件要求:用直井难以穿过的复杂层、盐丘和断层等,常采用定向井。

(3)钻井技术需要:遇到井下事故无法处理或不易处理时,常采用定向钻井技术。定向井的井眼轨迹比较复杂,给钻探施工带来一定的难度。合理控制井眼轨迹,达到定向井的井斜角,钻探出优质的定向井,满足定向井钻井施工的技术要求。定向井直井段的钻井施工,采取防打斜的技术措施,一般采用塔式钻具或者钟摆钻具防斜。造斜井段及稳斜井段的钻探施工,可达到设计的井斜角要求。合理确定靶点的位置,优化设计造斜钻具组合形式,才能更好地完成斜井段的钻井施工任务。定向井需要预先设计井眼轨迹,而且定向井的井斜角、水平的位移以及井眼的曲率半径大。定向作业施工过程中,需要经常测试井斜角,钻压容易失真,扭矩比较大,经常起下钻头,对钻井液泥浆的要求比较苛刻,要求具有极强的携带岩屑的能力、较高的润滑作用,保持井壁的稳定,提高固井施工的质量,才能实现定向井的钻探施工目标。

3.1.2.5　多工艺组合钻进

地热钻井是近 10 年迅速发展起来的一个新的钻探领域,还未形成独立的钻井技术体系。不同行业和单位由于受传统钻探技术理念和设备状况的限制,在其领域所采用方法工艺各有优缺点。众所周知,地热钻井钻遇地层较为复杂,既有松散覆盖层,又有破碎构造和坚硬岩石地层。不同地层如果采用单一的钻探方法或工艺,势必造成钻进困难、效率低、成本高等问题。所以,根据不同的钻探方法和地层特点,结合自身设备能力将两种及以上多工艺("二合一""三合一")钻探工艺应用于地热钻井工程中具有一定的现实意义。为此,课题组结合生产实际,进行了大量的野外生产性试验和应用,通过理论研究和实践,得出以下结论:

(1)地热井钻探具有"钻深和口径大、地层条件复杂、工序要求高"等特点,目前单一的正循环泥浆钻井方法或工艺严重影响着地热钻井的效率和成井质量。其主要因素之一就是井内环空上返速度不能满足正常的排渣要求,使岩屑在井底重复破碎,最终导致钻进效率低、施工周期长、地层污染严重等问题。

(2)正循环泥浆钻进工艺适合于较厚松散软岩地层。在该类地层钻进时,采用大排量泥浆泵,增加井内环空泥浆上返速度,可以使钻进效率提高 2～3 倍以上。

(3)覆盖松散层埋深较浅、地下水位埋深较大、上部构造发育、漏失严重时,采用空气潜孔锤钻进工艺,不仅大大提高钻井效率,而且还可以解决漏失问题,减少水资源和泥浆材料浪费和地下含水层污染。试验表明:在大口径松散黏土及砾石地层钻进,最高钻速达 57 m/h;在大口径泥岩和砂岩地层钻进,最高钻速达 32 m/h。

(4)螺杆马达钻具由于在井底通过泥浆排量和泵压驱动回转带动钻头碎岩,具有较高的转速,解决了回转式钻机通过地面转盘带动井内钻杆和钻头回转速度及效率低、钻具和回转系统磨损快等问题。在沉积泥岩、砂岩中平均钻速为 2.38 m/h,其中最大钻速达 8 m/h,与同类地层常规钻进方法相比可提高效率 1.5～3 倍;在花岗岩、片麻岩地层中螺杆马达钻进效率最低为 0.8 m/h,最高达 1.42 m/h,比常规技术钻进效率高出 2～3 倍。

(5)气举反混循环钻进工艺可用于深部漏失地层钻井,在漏失灰岩地层钻进效率平均为 1.57～1.91 m/h,最高钻速可达 4 m/h。与正循环泥浆钻进相比,该类地层钻进效率提高了 1.2～3.2 倍。

综合上述钻探特点和地热钻井中不同地层,选择两种及以上方法实现多工艺复合钻进(见表 3-1),不仅可以提高钻进效率、减低成本,而且还可解决地层漏失和泥浆钻进带来的成井质量等问题。

表 3-1　多工艺复合钻进方法选择

钻进工艺	适用地层	特点
常规正循环泥浆+螺杆马达"二合一"钻进	第四系、新近系覆盖松散地层较厚;下部为较完整基岩地层、轻微漏失地层。适用于相对稳定地层和深井	工艺简单、螺杆效率高,泥浆净化要求高

续表 3-1

钻进工艺	适用地层	特点
空气潜孔锤钻进+螺杆马达"二合一"钻进	开孔基岩或覆盖层埋深小于 50 m,且地层含水少、较稳定地层;下部为较完整基岩地层、轻微漏失地层	效率高、开孔不需要水和泥浆材料
常规正循环泥浆+气举反循环"二合一"钻进	第四系、新近系覆盖松散地层较厚;下部地层漏失较为严重。适用于较软或中硬岩石	效率高、不需要洗井工序、水量大
常规正循环泥浆+空气潜孔锤钻进+螺杆马达"三合一"钻进	上部覆盖层较薄(≤80 m)且不稳定,中部坚硬岩石且漏失,下部基岩地层较为稳定、轻微漏失地层	效率高、解决浅中部漏失问题
常规正循环泥浆+螺杆马达+气举反循环"三合一"钻进	第四系、新近系覆盖松散地层较厚;中部基岩较硬;下部地层漏失较为严重。适用于≥1 500 m 的地热井	效率高、解决深部漏失问题、水量大

3.1.3 峦川九龙山地热勘探实例

3.1.3.1 地热地质背景

九龙山汤池温泉位于潭头—旧县盆地南部,主要分布中元古界熊耳群的安山岩、英安岩、流纹岩以及第四系含砾黄土层等。总体地势是南高北低。

北东向延伸的葫芦沟断层属张扭性断裂,其与主要控热断裂——马超营断裂在西营附近的汤池处交会。该断裂在矿区内出露长度约2.5 km,破碎带宽几米至几十米,断裂带内张裂隙发育,为矿区导热导水断裂。热储层为断裂破碎带,呈带状展布。地下水的径流及排泄直接受地形和构造条件制约,构造破碎带为地下水的径流提供了通道。总流向趋势为由南西向北东径流,以泉的形式排泄是矿区地下水的主要排泄途径。

在葫芦沟断裂东、西两侧广泛分布有安山岩类裂隙水,岩性为中元古界长城系熊耳群安山岩、流纹岩及少量英安岩等;岩石节理裂隙发育,据地表统计,发育密度为10~30 条/m²,最大可达 38 条/m²;裂隙水直接接受大气降水的补给,富水性不均,且受地形、构造及裂隙发育程度制约;其总流向趋势由南西向北东径流。在马超营断裂北侧分布着松散岩类孔隙水,主要为第四系(Q)潜水含水层,分布在伊河沿岸及沟谷低洼处,岩性为砂砾岩、砂及亚砂土等,受大气降水及河水直接补给,富水性较好,其总流向趋势由西向东径流。

3.1.3.2 物探

布设重力、磁法、大地电磁测深剖面各一条。从南向北 0~450 m 段大体处于相对稳定的磁场区域,500~700 m 这一段集中出现剧烈变化的磁异常,一方面推测与断裂构造相关,也可能受到一定程度的干扰。推测与深部地热异常有关。从南向北 0~400 m 段大体处于相对稳定的重力场区域,450~700 m 这一段集中出现先升后降的异常,这一特点与磁异常大体一致,确定下部有断裂存在。推测与深部地热异常有关。大地电磁断面显示在标高−500 m 以浅区域主要为相对低阻区域,推测主要与断层引起的上部岩层破碎、地表水沿断裂带下渗有关;最南部即 100 m 处浅部有高值异常反映,推测主要对应局部致密安山岩。深部高阻与低阻变化的梯级带区域,推测主要为致密岩体周围受断裂影响的区域,与深部地热异常、深部地下水沟通都有密切关系。

3.1.3.3　地热钻探验证

1.井位确定

前述对断裂破碎带、地热水富水区域的反应一致。综合磁异常、重力异常及大地电磁异常特征分析,在断面400—700直接存在较好的地热地质条件,上部有较好的低阻异常盖层,下部有深大断裂沟通深部热源。在此范围内地热异常较好。故于剖面500～600 m处选择了合理场地施工地热井,主要取深部中元古界长城系熊耳群焦园组上段流纹岩、英安岩构造裂隙水,利用熊耳群坡前街组下段的热量。

2.钻井工艺

结合生产实践,栾川九龙山地区属于火成岩缺水山区,为了解决"硬、漏、碎"等复杂问题,采用空气潜孔锤+气举反循环组合钻进工艺。

一开采用气动潜孔锤与常规钻进结合,孔径450 mm,孔深36 m;二开采用空气潜孔锤钻进;三开采用气举反循环工艺钻进,终孔深度1 824.54 m。

管井结构自上而下为:0.00～273.56 m,为 $\phi273\times9.65$ mm石油套管,含水层位置下入缠丝滤水管作为进水通道,管底10 m采用水泥封固,管外采用粒径为5～10 mm的碎石封填,地表0～5 m段采用强度等级42.5的水泥封固。

含水层位置下入 $\phi273\times9.65$ mm(与二开套管同)缠丝包网滤水管相间。

地热井0～36 m段表套采用水泥浆全段固井;0～273.56 m段 $\phi273\times9.65$ mm套管底部(10 m)及地表以下5 m采用水泥浆固井,以防下部施工时管外环隙的碎屑、掉块从管底漏掉,造成孔内复杂事故。

3.成井参数

地热井于2018年3月底钻至1 825 m完钻,经抽水试验,稳定出水量79 m³/h,井口出水温度53 ℃,静水位22.90 m,动水位埋深38.42 m。

3.2　地热成井工艺及压裂增水技术研究

3.2.1　成井工艺

地热钻井工作中,成井工艺占重要地位,除要获得完整的地热地质资料外,还要承担供水的任务,包括井身结构选择、固井方法、洗井等。随着井深的增加,井下情况越来越复杂,不可见因素增多,因此钻井的成井工艺有它的特殊性。

3.2.1.1　井身结构设计

1.井身结构设计原则

(1)套管层数要满足分隔不同压力系统的地层及加深的要求,以利于安全钻井和满足试水、开发及井下作业的要求。

(2)套管与井眼间隙要有利于套管顺利下入和提高固井质量,有效分隔目的层。

(3)套管和钻头基本符合API标准,并向国内常用产品系列靠拢,以减少改进设备及工具的工作量。

（4）要有利于提高钻井速度，缩短建井周期，降低钻井成本。

2.井身结构设计

针对地层的特点，可以选用两种井身结构，即三开成井结构和四开成井结构。

三开成井结构：表层用 ϕ444.5 钻头钻进，下 ϕ339.7 套管；二开用 ϕ311.2 钻头钻进，下 ϕ244.5 套管；三开用 ϕ216 钻头钻进，用悬挂器下入 ϕ177.8 套管。

四开成井结构：表层用 ϕ444.5 钻头钻进，下 ϕ339.7 套管；二开用 ϕ311.2 钻头钻进，下 ϕ244.5 套管；三开用 ϕ216 钻头钻进，用悬挂器下入 ϕ177.8 套管；四开用 ϕ152 钻头钻进，裸眼成井。

3.2.1.2　下管

1.管材

常用管材有石油套管、无缝钢管、螺旋和直缝高频焊管、PVC-U 塑料管等。过滤管主要有桥式过滤管、梯形丝过滤管、贴砾过滤管、钻孔缠丝管、铣缝式 PVC-U 塑料。井深大于 1 500 m 或腐蚀性较强的地热井，宜选择石油套管，过滤管选择石油套管缠梯形丝。

井管连接推荐使用丝扣连接方式，焊接连接井深不宜超过 1 500 m。

对于基岩稳定地层可根据具体情况裸孔成井；对于破碎掉块地层应下入井壁管或过滤管，过滤管可视情况选择钻孔式或条缝式。

全井下管时，应在底部有 15~30 m 的沉淀管。

2.下管方法及要求

当井管总质量小于钻井设备的安全负荷时，可采用提吊法下管。当井管总质量大于钻井设备的安全负荷时，采用二次下管法、浮力塞下管法等。二次及多次下管时，井管重叠部分以 15~30 m 为宜。井管下放速度不宜过快，不稳定地层应小于 0.3 m/s。

3.2.1.3　止水

较浅的孔隙型地热可选用半干黏土球止水，黏土球直径应小于 30 mm。止水厚度应不低于 10 m。较深的地热井可根据情况选用膨胀橡胶或膨胀橡胶-普通橡胶联合止水。止水位置应在最上部过滤器顶端，数量为 2~4 组。裂隙岩溶型地热井一般采用水泥固井方法止水。

3.2.1.4　固井

表层套管固井时，水泥浆应返至地表，采用钻井泥浆泵灌注。技术套管固井时，水泥浆返高应不低于 400 m，套管重叠段用水泥封固严密。水泥强度等级不宜小于普通硅酸盐水泥 P·O 42.5；当固井段深度大于 2 000 m 时，宜采用油井专用水泥。水泥浆密度一般控制在 1.60~1.85 g/cm^3。井管内水泥塞高度宜控制在 10~30 m。固井深度较大时，应采用专用水泥固井车和水泥浆储罐车，以保证固井时的连续性。

3.2.1.5　洗井

孔隙型地热井洗井可采用潜水泵-空压机、活塞-空压机、焦磷酸钠（盐酸）-二氧化碳、二氧化碳-空压机等方法进行洗井；基岩裂隙岩溶型地热井可采用爆破-空压机、压裂-焦磷酸钠（盐酸）-空压机等方法进行洗井。

3.2.2 压裂增水

3.2.2.1 压裂技术基本原理

压裂技术是用压力将地层压开一条或几条水平的或垂直的裂缝,并用支撑剂将裂缝支撑起来,减小油、气、水的流动阻力,沟通油、气、水的流动通道,从而达到增产增注的效果。根据造缝介质不同,可分为水力压裂、高能气体压裂、干法压裂等。本书主要研究应用水力压裂技术。

水力压裂技术是利用高压泵向井内泵入高压流体,以超过地层吸液能力的排量向地层内注入高压流体,当达到或超过地层应力和地层的抗张强度时,岩层起裂形成裂缝并向四周延伸,使地层内的裂隙构造贯通,提高目的层的汇流与导流能力,以达到增产的目的。水力压裂增产增注的原理如下:

(1)改变流体的渗流状态:使原来径向流动改变为流体与裂缝近似的单向流动和裂缝与井筒间的单向流动,消除了径向节流损失,降低了能力消耗。

(2)降低了井底附近地层中流体的渗流阻力:裂缝内流体流动阻力小。

地热压裂增产在压裂环境、条件和成本等方面与常规石油、天然气、页岩气、煤层气的压裂有较大区别。地热井、水井压裂增水,是在取水和储热目的层进行压裂,只要依据测井数据判断具备裂隙发育条件,热储层(含水层)的空隙度、渗透率、渗透系数、导水系数达到一定程度,均可实施压裂增产。

3.2.2.2 基岩地热井压裂增产机制

1.基岩地热储层特点及压裂思路

在基岩地层,地质构造控制着地下水的形成和展布及活动规律。主要表现在两个方面:其一是构造控制着地下水的赋存空间;其二是构造控制着地下水的补、径、排关系,从而控制和影响着地下水的循环和演化。

基岩地层钻探因找水需要,往往选择在受地质构造影响的区域进行,其地层一般经过多次复杂的构造运动,断层、解理和破碎带发育,多为不稳定地层,既有松散、破碎、裂隙、岩溶等力学不稳定地层,也有页岩、泥岩等遇水不稳定地层,还有各种漏失地层和坚硬、弱研磨性地层。

而此类地层中,或多或少存在着有利的天然裂缝系统,对一些产量低的地热井,可以充分利用这些天然裂缝系统进行水力压裂,在高压流体作用下,这些裂缝会扩张延伸,热力通道相互贯通。

在压裂过程中,由于注水清洗的结果,地层胶结程度变差,孔隙度变大,高压注水又诱发了微细裂缝的产生,加上这些天然裂缝面本身较为粗糙不平,钻井时附着在孔壁的岩屑及天然裂隙中的破碎充填物等,会充填到新开裂延伸的裂缝中,形成自我支撑作用。尤其脆塑性岩石压裂后形成的裂缝通常不会完全闭合,最后形成具有足够的导流能力的通道,达到增产目的。

对已有的含水层裂隙,因裂隙内含有充填物或已形成胶结,渗透率低,经高压流体强力剪切、冲蚀和运移后,使得裂隙扩展并疏通,将原有裂隙的水流由径向流变为线性流,同时高压流体可有效清除淤塞于裂隙中的泥浆固相、岩屑,使含水层的渗流条件得以改善,

提高地热井产量。对基岩地层,压裂作用主要体现在以下几个方面:

(1)脆性岩石压裂。

通过压入高压流体,使孔壁岩石被压裂,形成新的裂缝并延伸至储水构造,使井孔直接与储水构造贯通,达到增产的目的(见图3-2)。

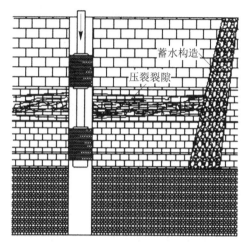

图 3-2　完整基岩井压裂示意图

(2)高压流体疏通。

对已有的含水裂隙,因其裂隙内含有充填物或已形成胶结,钻井时泥浆和岩粉堵塞,其透水能力较低,经高压流体强力剪切、冲蚀和运移后,使得裂隙扩展和疏通,将原有裂隙的水流由径向流变为线性流,使含水层的渗流条件得以改善,实现增产的目的,见图3-3。

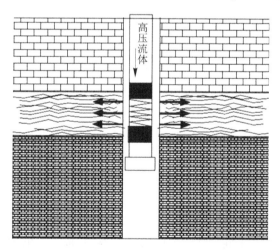

图 3-3　高压流体疏通示意图

(3)压裂、疏通并存增产。

首先将井孔内局部岩石压裂,不断注入的高压流体则沿着低应力的岩层面(如解理面、微孔隙、裂隙层)延伸,同时将岩层中的无数小裂隙和孔隙连通,增大井(孔)含水岩层的汇流面积,使水井的水量增加。压裂、疏通示意图见图3-4。

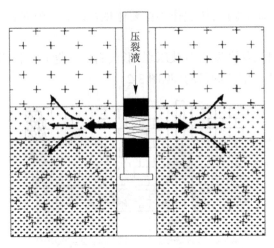

图 3-4　压裂、疏通示意图

岩石压裂裂缝的形成与延伸是一种力学行为,压裂裂缝的形态与规模和岩石自身的抗拉强度、抗压强度、弹性模量、泊松比、孔隙度、节理发育程度等力学性质有关,在水力压裂过程中高压流体的压力、流量与岩石的启裂压力、裂缝扩展与延伸密切相关。

2.地热井与油气井压裂区别

(1)油气藏主要储层为泥页岩、砂岩及碳酸盐地层。由于中、低渗透油田储层物性条件的限制,以及在钻井过程中的钻井液污染等原因,油井射孔后自然产能低、开采效益差,必须经过压裂才能投入正常生产。油层水力压裂的目的在于改造油层的物理结构,人为在油层中形成一条或几条高渗透能力的通道,以降低近井地带的流动,增大渗流能力,使油井获得增产效果。主要为通过大排量泵注高黏度交联液将目的油层压开裂缝并充填进支撑剂,以保持裂缝具有较高的导流能力。

油气井压裂时要避免夹层被压开或者水层被压开的不利情况。例如,在压裂层与水层或气层间的夹层很薄时、附近有与含水层或气层的接触面而且位于裂隙可能通过的方向时、注水效果明显裂隙比较发育的井层等情况下不宜压裂。

(2)地热压裂以增水为目的,在压裂环境、条件和成本等方面与常规石油、天然气、页岩气、煤层气的压裂有较大区别。地热井、水井压裂增产,是在取水和储热目的层进行压裂,只要依据测井数据判断具备裂隙发育条件,热储层(含水层)的空隙度、渗透率、渗透系数、导水系数达到一定程度,均可实施压裂增水。

3.地热压裂增产适宜性

对出水量不理想的水井,可以采用压裂增产法解决,而水力压裂成功与否取决于岩层性质及其蓄水构造类型。不同岩性的岩层其性质不同,按岩石的力学性质可划分为脆性岩石、脆塑性岩石、塑性岩石。根据岩层的成因和矿物成分与结构特点,又分为非溶蚀性岩层和沉积类溶蚀性岩层。受地层内应力的影响,其形成的裂隙构造与类型就不同。此外,岩层还受其他许多因素的影响,如风化程度,孔隙、节理发育情况,裂隙中的矿物充填与胶结程度,上覆盖层压力等。因此,压裂增产所采用的工艺与技术方法就不同,如脆性岩石以清水或普通压裂液压裂就可满足增产要求。塑性岩石压裂形成的裂缝在卸荷后会自行闭合,需要采用混砂压裂,以支撑剂支撑裂缝,使其保留一定的导流能力,才能达到水井增产的目的。脆塑性岩石压裂后形成的裂缝通常不会完全闭合,成井深度相对较浅的井,采用清水或普通压裂液压裂也能获得较好的压裂效果。但是,基岩水井经压裂形成的裂缝是否闭合除与岩石自身的脆性、塑性有关外,还与岩层的围压有关。当盖层达到某一厚度时,岩石在围压下也会导致压裂裂缝完全闭合,导致压裂失败。故进行地热压裂增产时,需具备以下几个条件:

(1)地下热水富集。

(2)低产原因为热水通道未连通。包括其一是井位较小程度的偏离储水构造,其二是由钻井工艺造成的热水通道堵塞等。

(3)具备一定的天然裂缝条件,渗透系数达到一定条件。

(4)井管内压裂层段固井质量良好,井管无变形、无腐蚀、无漏失;裸孔压裂层段上、下部有完整的安全封隔距离。

4.地热压裂增产设备

压裂增产设备包含:压裂泵(车)、封隔器、定压开启阀、投球卸荷阀、高压管汇、低压管汇等一系列配套设备,核心设备是压裂泵(车)。

目前,石油常用的压裂车主要为 YLC 车装系列和 YLQ 撬装系列,压力等级为 50 MPa、70 MPa、105 MPa 和 140 MPa 四个等级,流量范围为 1 000~5 000 L/min 不等,按照不同压力和流量匹配的压裂车,其主要规格见表 3-2。

表 3-2　石油常用压裂车(撬)规格参数

序号	压裂车型号	压裂泵(最大功率)	最大压力(MPa)	最大排量(L/min)
1	YLC(Q)70-350	3ZB-350(265)	70	890
2	YLC(Q)70-600	3ZB-600(447)	70	1 277
3	YLC(Q)70-900	3ZB-900(670)	70	1 388
4	YLC(Q)105-1000	3ZB-1000(750)	105	1 421
5	YLC(Q)50-1000	QWS-1000(750)	50	2 780
6	YLC(Q)105-1600	TWS-1600(1200)	105	2 612
7	YLC(Q)105-1800	3ZB-1800(1340)	105	2 309
8	YLC(Q)105-2000	3ZB-2000(1490)	105	2 309
9	YLC(Q)105-2500	QWS-2500(1860)	140	3 848
10	YLC(Q)105-2800	QWS-2800(2060)	140	4 465

目前,地热增产主要采用石油行业的小型酸化压裂车实施压裂增产作业,常用 YLC(Q)70-350 型石油压裂车,其主要包含:载车底盘、车载柴油机、液力机械传动箱、卧式三缸单作用柱塞泵(含润滑系统)、冷却系统、电路系统、控制及仪表系统、气路系统、排出管汇系统、吸入管汇系统、液压系统、计量罐、灌注泵系统、仪表控制台等。核心部件是 3ZB-265 型三缸往复式柱塞泵,基于常用柱塞直径 134/67 mm。

对于 300~3 000 m 深度的地热含水段,安装常用缸套可实施压力 35 MPa、排量

1 000 L/min 以内的压裂作业,无论对于砂岩型孔隙水、基岩裂隙水或者碳酸盐岩溶水,基本都可以满足需求;遇到个别大排量压裂增产工程,追求超过 1 500 L/min 的裂隙延伸排量,可以 2 台或多台常规泵车并车运转。

当然,1 眼地热井建设成本 300 余万元,采用压裂车成本较高,对一些要求低的地热井,可以灵活采用柱塞泵、钻井泵等实施中低压压裂。

3.2.2.3　基岩地层清水压裂增产试验

1.项目简介

栾川九龙山温泉位于栾川潭头镇汤营村,有史以来温泉水自流不息。温泉口钙化堆积十数米厚。根据文史记载,公元 705 年(唐朝)在此建"净安寺",温泉已被开发利用,碑文记载"往来游客,洗浴疗疾者络绎不绝";抗战时期,河南大学迁址于潭头镇,曾在此建"河大池";20 世纪 90 年代,河南省交通厅整合旅游、地热等各种资源,投入上千万元,修建了温泉疗养院、汤池沟等设施,该温泉度假区得以蓬勃发展。

然而,近年来受人类活动及水位下降等影响,九龙山温泉出水量骤减,水温降低。2016 年,河南交通实业发展有限公司委托河南省地热能开发利用有限公司(河南省地矿局环境二院),对九龙山地热资源进行勘查开发,以期整合优质地热资源,加大投资力度,发展生态旅游度假等。

河南省地矿局环境二院结合物探、钻探等工作手段,提出了逐步推进的地热资源方案。先后采用空气潜孔锤+气举反循环组合工艺,在九龙山完成 3 眼地热井,深度及资源量分别为 1 号井 1 203 m、2 号井 1 180 m、3 号井 1 825 m,其中项目结合 1 号井进行了压裂增产试验。

2.压裂前资源量情况及低产原因分析

九龙山 1 号地热井完成(见图 3-5),经过抽水,温度 44 ℃,水量 10 m³/h。其中水量偏小,未达到预期。

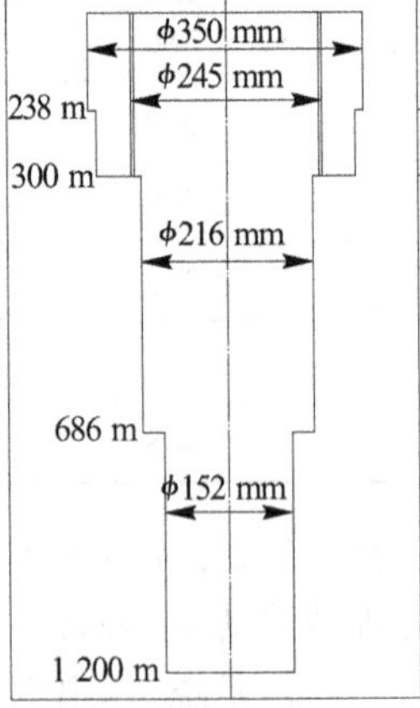

钻孔及套管结构	钻进方法	钻具组合	钻遇地层	机械钻速(m/h)
φ350 mm φ245 mm 238 m 300 m φ216 mm 686 m φ152 mm 1 200 m	空气潜孔锤	φ350 mm锤头+φ277 mm冲击器+φ325 mm取粉管+φ159 mm钻铤+φ89 mm钻杆+立轴	紫红色、灰黑色泥岩,灰色、灰绿色安山岩	1.42
	气举反循环	φ346 mm牙轮钻头+φ159 mm钻铤+φ89 mm钻杆+φ127 mm双壁钻杆+双壁立轴+气水混合器	绿色、青绿色安山岩,块状构造,矿物主要成分为斜长石中间夹杂有角闪石和黑云母等黑色矿物,偶见石英颗粒和浅黄色凝灰岩	0.59
	气举反循环	φ216 mm牙轮钻头+φ159 mm钻铤+φ121 mm钻铤+φ89 mm钻杆+φ127 mm双壁钻杆+双壁立轴+气水混合器		0.74
	气举反循环	φ152 mm牙轮钻头+φ121 mm钻铤+φ89 mm钻杆+φ127 mm双壁钻杆+双壁立轴+气水混合器	青灰色安山岩,灰色、灰绿色英安岩,斑状结构,斑晶主要为长石和石英,多处可见石英呈团块状出现	0.56

图 3-5　钻孔结构及方法示意图

工作区位于栾川潭头镇汤池村,其地热异常由断裂构造引起。实测断裂构造分布复杂。工作区探明北断层为区域主构造,为深大断裂,属车村大断裂的一部分。北断层、南断层和南北断层围出的低阻体为碎石土,为温泉盖层。其深部基岩裂隙发育,是地下水汇集处。更深处与热岩体沟通,是地热异常来源。主要取深部中元古界长城系熊耳群焦园组上段流纹岩、英安岩构造裂隙水。

九龙山地热井抽水试验出水量初始衰减较快,说明地热水分布范围、分布空间较小。结合物探勘查资料,初步判定地热水空间分布为漏斗状。浅表西边界距地热井不超过50 m。东边界不详。北边界至北侧主断裂,距地热井 160 m。南边界距地热井约 320 m。浅表南北宽约 480 m。向下延伸至 500 m,地热水分布范围收缩到 200 m。向下延伸继续收缩成为不规则裂隙通道。

根据物探等资料,下部构造发育、赋水情况良好,但抽水情况并不理想。分析认为,1号井下部赋水情况良好,但具体井位是根据地面物探资料、断层方向等推断而出的,并未能完全精准地布置于构造之上,与下部含水构造未连通,造成水量偏小。如果能依靠高压流体作用,将毛细、微小裂隙等扩张或延伸,则能达到导水目的。

3.物探及井下电视测井划分压裂层段

通过物探测井并结合钻探获取的地层资料,确定含水层埋深、厚度以及井(孔)壁的完整性、井径等信息,为压裂增水作业提供准确的资料和设计依据;物探测井方法有电测井、放射性测井。测井参数包括井深、井径、井孔倾角、静水位、水温和井孔岩层的完整性、含水裂隙层段数及其发育程度、埋深与厚度、低电位电阻率(16″)、自然伽马与井孔超声成像。根据测井和超声成像获取的井孔资料,确定压裂目标层段和封隔座封段的深度与厚度,为压裂试验提供准确资料。

压裂前进行了地球物理测井,测井仪器为 SK2000 型。共对自然伽马、自然电位、电阻率、井温、地层渗透率、地层孔隙度、声波时差、深度等 8 个项目进行了测量。

共划分裂隙层 39 个。其中,0~310 m 段裂隙破碎 17 层,厚度约 124 m;310~700 m段裂隙破碎 12 层,厚度约 72 m;700~1 200 m 段破碎带 10 层,厚度约为 36 m。

其中,三类裂隙缝孔隙度平均在 2%~4%,少量层段能达 6%~7%,渗透率平均为$(0.1 \sim 0.5) \times 10^3 \ \mu m^2$;二类裂隙缝孔隙度 0.35%~7.02%,渗透率为$(0.24 \sim 4.29) \times 10^3 \ \mu m^2$,部分层段能达$(9.77 \sim 64.69) \times 10^3 \ \mu m^2$;一类裂缝平均孔隙度 0.94%~3.54%,渗透率为$(0.33 \sim 0.91) \times 10^3 \ \mu m^2$。

4.压裂方案

常用压裂液有清水、植物凝胶液、有机高分子聚合物胶液、缓释酸液及充气泡沫等。本次压裂施工采用清水做压裂液,取材方便,成本低。其优点是:①清水压裂对含水层的损害小,易返排;②以较大泵排量剪切、冲蚀破坏天然裂缝中的充填胶结物,增大裂隙与井筒的有效连通性;③水力剪切使裂缝壁面产生滑移,在裂缝的延伸过程中使原始的微裂隙、孔隙层张开并连通,增水效果好;④成本低。缺点是:工作效率低,滤失量大,要求较高的泵注排量,耗水量大。

压裂工艺:依据成井结构,本地热井采用压裂车压裂与钻井泵压裂两种方法。其中,压裂车压裂采用井内裸眼双座封压裂器具组合和单封座封压裂器具组合、单管路顶液的压裂工艺方法压裂,共进行两个段次的压裂。确定双座封工艺压裂作业井段在 300~680 m;单座封压裂作业井段在 660 m 以下。根据本地热井的物探测井资料,确定双座封压裂作业的上、下座封位置分别在 323 m、672 m 处;单座封位置在 667 m 处,详见图 3-6。

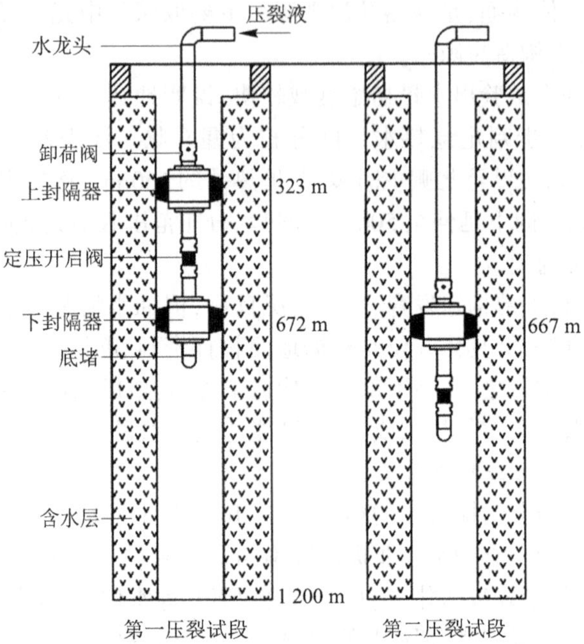

图 3-6　双座封和单座封压裂工艺图

5.压裂前准备

压裂施工前的准备工作包括场地踏勘,钻杆测量,地表压裂设备与孔内器具配置、连接,水源供给等。

地表设备安装:压裂泵车—管路—管汇—管路—高压水龙头。

1)高压管汇连接

首先,将压裂泵车停放在距离井口约 40 m、地势平坦、视野开阔的地方,将地面管汇安放在压裂泵车和井口距离的中间,放平放稳。然后将两根高压胶管通过管汇分别与压裂泵车出水口和井口高压水龙头连接。

注意事项:连接前需要用钢丝刷将油壬接头上的锈斑除掉,防止渗、滴、刺水,预防安全事故;按照管汇上的进出水指示箭头依次按压裂泵车—管汇—水龙头连接。

2)配备压裂器具与钻杆、变径接头

按下入深度测量管柱并排序,同时检查钻杆、压裂器具是否正常、丝扣是否完好,封隔器的胶筒表面有无破损。然后依次井内压裂器具,下入的管柱丝扣要采取密封措施,缠麻、涂抹丝扣油,待井下器具安装完毕后,安装井口高压水龙头。

3)供水设备安装

压裂施工需要大量压裂液(清水),施工过程中,压裂液(清水)供应不能中断,否则会导致压裂暂停而影响压裂效果。本井压裂作业采用 1 台最大泵量 100 m³/h 的压裂泵车,配备 2 台泵量分别为 60 m³/h、15 m³/h 及扬程为 20 m 的供水泵,压裂作业时根据需要开启1台或2台泵供水。引入供水水源,同时将施工现场约 80 m³ 的泥浆池蓄满水做备用供水水源。

注意事项:泥浆池中的供水泵不能接触蓄水池底板,设置滤网防止吸入泥沙、杂物等。

4)压裂泵调试

地面设备与井内压裂器具安装完毕后,需要对压裂泵进行调试、循环试压,检查系统流程的畅通性、安全性。

(1)启动压裂设备发动机按钮,观察发动机运转情况和显示器发动机参数,判断发动机声音是否异常,观察压裂设备是否有漏机油和防冻液现象,如有上述现象,立即停机维修。

(2)确认发动机处于正常状态后,压裂泵车自带储水箱加满压裂液(清水),将压裂管路阀门打到"内循环"状态,压裂泵挂一挡,观察显示端压裂泵参数,仔细听压裂泵泵体声音是否异常。依次测试二挡、三挡、四挡、五挡、六挡压裂泵的性能参数。

(3)压裂泵体设备测试通过后,将压裂管路、管汇旋塞阀门打到"外排"状态,将高压胶管出口端放到开阔场地或水池中,开动压裂泵供水,观察管汇出口水流状态和压裂系统地面管路状态是否正常,测试试验合格后再准备压裂作业。

6.压裂泵车压裂

1)第一试段压裂

首先将双座封压裂器具下入井内。器具组合为:自下而上依次为底堵—短钻杆—下封隔器(置于 672 m 处)—定压开启阀—卸荷阀—钻杆—上封隔器(设置在 323 m 处)—钻杆—井口水龙头—地表系统。

准备工作就绪后,进行泵循环和试压,注意压裂泵车操作监视表盘,同时检验地表设备与管路系统是否正常。检查工作包括压裂设备的工作性能和泵的上水情况是否良好,管汇、管路是否畅通。首先进行打压测试,关闭管汇阀门,开启压裂泵,憋压,地面管线与闸门试压 20 MPa,5 min 不刺漏为合格,然后准备压裂工作,压裂时各岗位由专人负责监督。

开启压裂泵,先以小泵量供水,水量控制在 200~300 L/min,压入井内,监测压裂泵控制台参数,记录转速、泵量、瞬时压力值等工况的变化情况,期间分析地层起裂压力和裂缝延伸压力值的变化;与此同时密切关注井口动态,井口是否有反水等异常;地面管路、管汇工作状况是否正常。当系统压力稳定较低且压力值无变化时,再逐步增大供水量直至本压裂段结束。压裂控制与工况、系统参数如下:

泵排量 15.2 m³/h 持续供水 10 min,压力维持在 4.8 MPa 左右,地面压裂管路和井口无异常;调整泵排量至 37.1 m³/h,压力增至 7.2 MPa,逐步调整泵排量至 65 m³/h,泵压力增至最大 10.5 MPa,持续工作至 88 min,系统压力突降至 9~9.5 MPa,泵排量自动升至 68.8 m³/h,连续压裂作业 203 min 结束,本压裂试段共压入水量 193.3 m³。

压裂工作结束后,打开管汇上的旋塞卸荷阀,将系统内的水泄出,再卸开高压水龙头,往钻杆内投球,等待钢球落入卸荷阀内球座上,重新连接高压水龙头,开泵送水,顶开卸荷内滑套露出溢流口,将钻杆内的水柱泄出,同时封隔器收缩,然后提出井内器具。当管汇旋塞阀打开后,涌出部分压入地层内的水时,表明压裂裂缝部分闭合。

2)第二试段压裂

因 680 m 以下钻孔口径为 152 mm,无法下入封隔器(外径 180 mm),现场研究分析后决定采用去掉下封隔器,将上封隔器设置在 216 mm 孔段的方法进行压裂。

单座封压裂器具组合为:自下而上依次为:底堵—短钻杆—上封隔器(置于 668 m 处)—定压开启阀—卸荷阀—钻杆—井口水龙头—地表系统。

开启压裂泵,先以小泵量供水,设定泵压力在 10 MPa 左右,通过调控压裂泵车的转速控制泵流量在 12~13 m³/h,最大泵量 15 m³/h,连续压入 61.3 m³ 清水。卸荷后压入井内的水大部分返出井口,至此压裂车压裂作业全部结束。

3)效果分析

压裂前后进行了抽水试验,采用出水量 20 m³/h、扬程 200 m 的潜水电泵做抽水机具、三角堰和水表流量测量,压裂前水井水量 13 m³/h,压裂后水量增至 19 m³/h,基本达到预期效果。

本次压裂作业共安排了两个段次,采用双座封、单座封两种压裂工艺方法对不同井段实施了压裂增水,累计压入水量 254.6 m³;最小泵排量 12 m³/h,最大泵排量 71 m³/h;泵压力最大 10.5 MPa。

由物探测井资料结合压裂施工过程中的实际工况推断,本次压裂在 300 m 以下,处在构造下盘上,依据物探测井资料划分地层为三个裂隙破碎带,0~300 m 井段累计裂隙破碎厚度约 124 m,为主要含水层段;300~700 m 井段累计裂隙破碎厚度约 72 m,为次要含水层段;700~1 200 m 井段累计裂隙破碎厚度约 36 m,为弱含水层段。根据压裂卸荷后经地层闭合井内返水情况判断,基本印证了上述推断,第一压裂试段压入地层的水部分返出地表,第二压裂试段压入地层的水大部分返出地表。最上部井段由于井径大及可能与常温水裂隙沟通而没有实施压裂。

压裂试验岩层主要为火成安山岩,属脆塑性地层,在压裂过程中,系统压力随着泵量的增大逐渐增大,因此没有出现像脆性岩石那样启裂压力达到峰值后瞬间降低,不断压入的压裂液沿着地层的裂隙、孔隙向四周扩展延伸。第二试段压裂井段在 667 m 以下,压裂时泵压力随泵量的增大而缓慢增大,泵量不变化时压力基本恒定,证明压入地层的压裂液没有遇到裂隙构造。当压裂结束后,受上覆盖层压应力的影响,系统经卸荷后压入地层的水大部分返出地表,压裂效果较差;第一试段压裂过程中,泵压力在 88 min 时有一个变化拐点,在泵量恒定的情况下泵压力由 10.5 MPa 降至 9 MPa,此时泵量由 65 m³/h 自动提高至 68 m³/h,证明地层阻力变小,地应力降低,压裂遇裂隙层的可能性存在,此试段是具备压裂的增水地层。

7.钻井泵压裂

压裂车完成压裂作业后,立刻组织下管以进行第二次压裂工作。下入 φ245 mm 石油套管,井壁管、滤水管间隔设置。压裂设备采用现场的青州产 3NB-500 型钻井泵。

下座封设置:在下入套管之前,制作外径为 210 mm 的锥形木塞,依靠钻杆压入下部 φ216 mm 地层完整井壁段,再注入水泥 5~10 m 进行密封。

上座封设置:在 φ245 mm 套管距地面 30 m 处,焊接钢箍,并缠绕橡胶等,缠绕外径以稍小于孔径且不影响下套管为准。下完套管后,从井口捣入布条等,再灌入水泥至井口。

压裂过程:0~300 m 段破碎带较多,且与周围裂隙层联通性能较好。钻井泵泵入水量达 80 m³/h,压力仅上升为 2 MPa,泵入的清水基本顺裂隙带流走。30 min 后,压力下降为 1 MPa,地层中裂隙、通道被压开,达到了开裂压力,此后压力稳定在 1 MPa 左右,整个压裂过程持续约 8 h,压裂达到预期目标。

8.效果分析及小结

三次压力前地热资源量为 10 m³/h,温度 44 ℃,压裂后经过抽水测量,出水量 31 m³/h,温度 44 ℃,增产量 210%,达到了预期目的。

3.2.2.4　松散沉积层地热压裂机制及试验

1.松散沉积层地热赋存情况

对松散层地层地热井,其热储类型是孔隙型层状热储,其展布特征一般为层状,主要分布于平原及山间盆地。孔隙型热储结构类型分为新近系、古近系热储。其中,新近系是河南省目前地热开发的主要储层,其大部分被第四系覆盖。新近系热储层地热流体温度以温水为主,在华北盆地沉积较厚的凹陷区及凸起区的下部为热水。新近系热储层盖层为第四系及新近系顶部岩层。第四系下更新统岩性主要为黏性土夹粉细砂、细砂层,新近系顶部岩性北中部地区为泥岩夹粉细砂,南部为黏性土夹薄砂层。黏性土厚度大,较稳定、热阻率高,具较强的隔热性能,为良好的保温盖层。

古近系裂隙孔隙型热储层分布面积较新近系热储层小,但厚度大,属于封闭半封闭湖盆,是湖相与河流相叠堆积物,岩性以泥岩为主。古近系地热流体温度以低温温热水及热水为主,凹陷下部达中温。古近系热储埋深大、水量小、总溶固高,在目前条件下,不具有很大的开发利用价值。

2.泥浆体系对地热资源量的影响

1)地热钻井主要采用的泥浆种类及特点

按照使用条件,把用于砂层、砂卵石层、破碎带等机械性分散等地层的泥浆简称为松散层泥浆;用于土层、泥岩、页岩等水敏性地层的抑制性泥浆简称为水敏抑制性泥浆;用于岩盐、钾盐、天然碱等水溶性地层的泥浆简称为水溶抑制性泥浆;用于较为稳定、漏失较小的硬岩钻进的泥浆简称为硬岩钻进泥浆;用于异常低压或异常高压地层的低比重泥浆或加重泥浆;用于超深井、地热井等高温条件下的抗高温泥浆。从黏土在泥浆中的分散程度来说,可分为细分散淡水泥浆、粗分散抑制性泥浆和不分散低固相泥浆。

细分散淡水泥浆是靠黏土在水中高度分散,为满足钻井需要,往往还加有降失水剂和防絮凝剂等。细分散淡水泥浆是最早使用的泥浆类型。配制简单,处理剂价廉,成本低,能满足一般复杂地层的要求。但明显的缺点是:①固相含量高,分散度大,在流动过程中摩擦阻力大、流变性差,大幅度影响效率,且对设备器具磨损严重,事故频繁。②性能不稳定,对地层中或地下水中的高价阳离子 Ca^{2+}、Mg^{2+}、Fe^{3+} 及强酸根 SO_4^{2-}、Cl^- 非常敏感,极易受到污染。③在水敏性的黏土质地层,因吸水膨胀,造成缩径、超径等孔内事故;钻进破碎下来的岩屑,遇水及在钻杆的搅动下,也会分散并混入泥浆中增加其固相含量,使黏度、流动阻力急剧增大,甚至达到流不动而无法继续钻进的地步。

粗分散抑制性泥浆是在细分散淡水泥浆的基础上,加入无机絮凝剂,使黏土颗粒适度变粗,同时加入有机护胶处理剂而形成,它对井壁岩土的分散有抑制作用,自身抗侵能力强且性能稳定,流动性好,钻进效率高。

不分散低固相泥浆是较新型的泥浆体系,是指黏土含量少于 10% 的泥浆,即为低固相泥浆。它由于固相颗粒含量少,在清洁井底、携带岩屑、增大水力功率和破碎岩石等方面有很多优点,因而能有效地提高钻井速度。

2) 主要成分及参数

泥浆中添加的土粉主要由黏土矿物组成,黏土矿物主要为含水硅酸盐,并有一定量的金属氧化物。典型的黏土矿物的化学组成包括高岭石、蒙脱石、伊利石、海泡石等。黏土矿物的化学组分特点:高岭石的三氧化二铝(Al_2O_3)含量较高,蒙脱石的二氧化硅(SiO_2)含量较高,伊利石的钾离子含量较高,海泡石的水(H_2O)含量较高。三氧化二铁、氧化镁、氧化钙等的含量也各有不同。

泥浆中添加的土粉还可能含有非黏土矿物和其他杂质。土粉中的非黏土矿物主要有长石、石英、方解石、蛋白石、黄铁矿、沸石等。这些非黏土矿物的含量不一,是泥浆中含沙量的主要来源,对泥浆性能起负面作用。土粉中的其他杂质主要是有机物和可溶性盐,有机物为植物的茎、根、叶及其他腐殖质等。可溶性盐为钙、镁、钠、钾的碳酸盐,硫酸盐,氯化物和硝酸盐等,这些物质明显影响泥浆的纯度和性能。

3) 参数对含水层的影响

比重:泥浆比重的大小直接关系到钻井成井,若比重太低,则易产生井塌;相反泥浆比重过大,易产生井漏,当大量泥浆深入含水层时,会使含水层堵塞。

失水量:失水量小可以在井壁上形成薄而坚韧的泥饼,可以防止不稳定地层的坍塌和保护水层,对钻井有利。若失水量大,在砂岩层形成厚而疏松的泥饼,在泥岩地层,易产生缩颈等情况。

泥浆黏度和切力:当泥浆黏度过高时,形成泥饼的黏滞性增加,会使较多的岩屑黏附在井壁上形成缩颈现场,此外高黏度的泥浆还容易堵塞含水层,给抽洗工序带来困难。泥浆切力过高时,会使泥浆泵的启动压力增高,有时启动时所产生的过高的启动压力,甚至会将井憋漏,过高的切力会使泥浆净化工作困难,大量的细颗粒岩屑沉淀不下来,致使泥浆的黏度和比重增加。

在地热钻井施工中,细分散低固相泥浆应用最为广泛,其配方为:膨润土7%+纯碱0.3%+聚丙烯酰胺(PAN)0.1%~0.2%+高黏度纤维素(CMC)0.1%~0.2%+烧碱0.1%。钻井过程中依靠添加剂或者自然造浆维持性能。

在巨厚的粉细砂地层中成井,如果钻进或成井工艺不当,极易造成砂层颗粒堵塞,影响出水量。尤其采用泥浆钻进时,泥浆中的固相泥质颗粒等,在高压作用下,胶结黏附在砂颗粒之上,不断积累,较细微的颗粒在高压作用下,渗透进入砂颗粒内部,胶结堵塞,形成的渗透半径数米甚至更远,较粗颗粒黏附在井筒砂颗粒表面,不断积累,形成非常坚硬的泥皮层。再加上成井时未经过充分换浆、破壁和刮洗泥皮等工序,使残留在孔内的岩屑和泥皮堵塞了含水层裂隙和孔隙,从而阻止了地下水进入井内,影响水量。

3.压裂试验

1) 试验概况

试验地点:开封市金帝新生活小区1号井,时间为2018年11月。

压裂设备:青州 QZ3NB-500 型泥浆泵。

钻井结构:孔径 0~400 m,ϕ444.5 mm;孔径 400~2 000 m,ϕ241.3 mm。

套管:孔径 0~400 m,ϕ339.7 mm;孔径 400~2 000 m,ϕ177.8 m。

完井后,进行了抽水试验,出水量为 60 m³/h,水温为 80 ℃,已经达到合同要求。但为了验证松散层压裂增产效果,特意进行了压裂增产试验。

影响资源量原因主要考虑为泥浆固相颗粒堵塞含水层,以及在下管及抽水过程中,固相颗粒运移至滤水管表面胶结形成堵塞,影响出水量。

2)钻遇地层

本区勘探深度内所揭露的地层由上而下主要为第四系和新近系上新世明化镇组、新近系中新世馆陶组。

(1)第四系。

第四系是本区最新的沉积盖层。一般厚度为 90~310 m,总的厚度变化趋势为西薄东厚,断陷中心地带(开封市北部)沉积层最厚大于 400 m。岩性为黏性土与松散砂层互层。

(2)新近系。

新近系地层是工作区目前主要开采的储水层,上部被第四系覆盖,整个区域均有分布,发育比较好。

新近系地层由老到新可分为馆陶组(Ng)和明化镇组(Nm)两组。

馆陶组(Ng):下部岩性为褐灰色灰岩、泥灰岩、灰白色钙质砂岩;中部为灰绿色细砂岩及浅灰绿色、棕黄色松散砂层,灰白色砾状砂岩夹紫红色泥岩;上部为浅灰色、灰绿色细砂岩夹紫色泥岩,黑色硬煤与浅灰色粉砂岩。在开封市,该组地层顶板埋深 1 300~1 740 m,底板埋深在 1 700~2 426 m。

明化镇组(Nm):在开封市,该组地层底板埋深 1 300~1 740 m,厚约 990 m,按岩性自下而上可分为四段:

①黄褐色、灰白色长石石英细砂岩,灰绿色、黄褐色泥质粉砂岩夹棕红色、褐棕色砂质泥岩,厚约 200 m。

②棕红色泥岩、砂质泥岩、泥质粉砂岩夹棕红色、灰白色、灰绿色粉细砂岩,厚约 250 m。

③褐黄色、微灰绿色泥质粉砂岩,灰白色、黄色粉细砂岩与紫红色、棕红色、灰绿色砂质灰岩、泥岩互层,厚约 150 m。

④棕红色、深棕红显紫色泥岩、砂质泥岩及泥质粉岩夹黄白色细粒长石砂岩、粉砂岩,厚约 390 m。

3)压裂方案

压裂管汇:钻井期间使用的高压管线。

井口密封及与井管的连接:采用割孔钢板在钻杆与 339.7 mm 套管间进行焊接密封。

井内注水加压系统流程如下:利用井场现有的泥浆箱作为储水罐,储水罐下部由连接管法兰,进水管连接法兰—进水管—泥浆泵—进水管线—水龙头及方钻杆—连接短钻杆接头—井口密封板—井管内。

供水方式:现场没有可供压裂施工所用水源,只能依靠罐车拉水。现场加工储水罐用于储水,小潜水泵、送水车(储水 8 m³)供水,根据供水量适当调整压裂时间。

4)压裂实施过程及效果分析

依靠泵入清水进行解堵,累计压裂清水约 200 m³,最高压力 8.5 MPa,稳定压力 6~7 MPa,耗时约 6 h。试验现场情况见表 3-3。

表 3-3 试验现场情况

序号	累计时间(时:分)	泵压(MPa)	流量(m³/h)	说明
1	8:40~9:13	1.5	60	压入水 35 m³
2	9:45~9:56	1.9	60	压入水 11 m³
3	10:23~10:35	2.0	60	压入水 12 m³
4	11:10~11:22	6.5	60	压入水 12 m³
5	12:00~12.07	7.0	60	压入水 7.5 m³
6	16:45	1.5	60	
7	16:47	2.0	60	
8	16:48	3.0	60	
9	16:49	5.0	60	
10	16:50	7.0	40	
11	16:51	8.5	30	
12	17:10~17:28	6.0~8.5	20	期间泵压维持在 6.0~8.5 MPa,随时间延长,压力波动范围逐渐减小
13	17:28~23:00	6.0~8.0	9	持续压裂,泵压在 6.0~8.0 MPa 波动
14	23:10	7.0~8.0	9	持续压裂,泵压波动时低压不断增加,增加到 7 MPa
15	00:00	2.0		停泵

经过前后抽水对比:压裂前 65 m³/h,水温 80 ℃;压裂后水量 80 m³/h,水温 83 ℃。资源增产量达 28.8%,取得了良好效果。

3.3 地热回灌技术研究

地热清洁能源可广泛应用于发电、供暖(制冷)、供热、烘干、温泉度假和旅游、医疗保健等领域,具有资源储量大、分布广泛、清洁环保、开发利用方便等特点。河南省地热资源丰富,市场潜力大,发展前景广阔。发展地热资源产业,促进地热资源科学、高效、综合开发利用,对优化能源结构、节能减排、环境保护和减少雾霾具有积极意义,也是促进生态文明建设的重要举措。

3.3.1　回灌方案

现较成熟的地热回灌工艺为:地热水经抽水井抽出后经过除砂器除砂粗过滤,过滤后的地热水通往换热器换热,换热器将自来水加热换取热量,换热后的地热尾水经过粗过滤器设备和精过滤器设备,将水中的固体悬浮颗粒过滤,然后再经过曝气装备,最后回灌地热回灌井中(见图 3-7)。

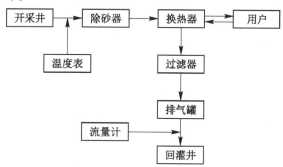

图 3-7　回灌工艺流程

3.3.1.1　井口设备及工艺要求

1.过滤器

国内外研究证明,对回灌尾水进行多级过滤是有效减少悬浮物堵塞的措施之一。目前基岩回灌工艺中一般要求采用滤径为 50 μm 的粗过滤系统,此种过滤装置能有效将管道及系统残留的相对直径较大的颗粒过滤;而在孔隙型回灌井中则要求同时安装精、粗两级过滤系统,精过滤器的滤径为 1~3 μm,可滤掉大部分悬浮颗粒,有效地减少物理堵塞,此外还可以滤掉部分微生物。

2.惰性气体保护

为了防止空气中的氧混入地热水中,从而回灌到回灌井的地层中,应安装自动重启装置,用氮气等惰性气体充满回灌井的动液面之上和井口之间的空间中,这样就避免了氧化物沉淀到回灌井中,同时还可以减少回灌井管的腐蚀和氧化。河南省的回灌井口装置一般不进行惰性气体保护,使液面直接暴露在空气中,往往易形成氧化物。

3.除砂器、除污器

孔隙性地热流体中大多都夹杂岩屑、细砂等固体颗粒,为了保证地热流体中裹携的岩屑微粒尤其是孔隙型地层(因为岩性松散,细小的砂粒容易随水流被吸出)的砂岩颗粒不被传输到回灌井口,生产井口处要求安装除砂器,回灌井口处设置除污器,以减小过滤器的工作负担。

4.排气罐

排气罐是地热水流入回灌井中之前的最后一个处理装置,其主要原理是通过液体从一个小的管径突然变到大的管径时中,压力变小使得地热尾水中的多余气体如二氧化碳、氧气等气体迅速释放,防止其由于压力的变化随着回灌尾水流入回灌井的地层中,滞留在空隙中产生气阻现象。因此,要定时观察排气罐的排气阀工作是否正常,确定排气罐正常工作。

5.回灌管网要求

水质较好、氯离子含量低的地热水可采用较为经济、简单的直接供暖方式,但由于地热水与供热循环管网的金属设备长期直接接触,因此对其水质要求非常高,一旦系统漏气或管道材质低劣,极易造成氧化、腐蚀,使循环水水质发生较大变化,这种直接供热的尾水不宜作为回灌水源。对井系统一般要采用间供方式,换热后地热水的变化主要是温度的降低、部分气体的逸出,其他化学成分受影响较小,基本能做到"原水"回灌。

如果回灌运行时采用直供钢制管道,当地热水流经铁制管道和终端设备后,排放口处尾水中铁离子的含量要远远高于地热生产井出口处的含铁量,并发现铁食菌。当工作系统处于开口状态时,系统腐蚀是较严重的。因此为有效防止腐蚀和物理、生物堵塞,在回灌输水管道选料上,应首选非金属管材(玻璃钢管材或 PP-R 管材)。

3.3.1.2　回灌水质要求

水质指标(见表 3-4)参照了中华人民共和国石油天然气行业标准《碎屑岩油藏注水水质指标及分析方法》(SY/T 5329—2012)。地热回灌对水质要求也因热储层性质而异。

孔隙型热储层的孔隙率虽然远大于基岩裂隙率,但其孔隙直径却远比裂隙小,回流的悬浮物和化学沉淀更易聚集堵塞含水层,所以对水质提出了较严格的要求。一般要求回灌水的铁离子含量小于 0.2 mg/L,雷兹纳指数大于 7.0,pH 大于 8.0。若地热水中含有溶解氧,尚应根据溶解氧的成分和含量对回灌水提出相应要求。

基岩裂隙型热储层除上述要求外,还要限制 PO_4^{3-} 的含量,防止磷酸钙堵塞裂隙。

表 3-4　地热水回灌水质要求

项目	控制标准	备注
悬浮固体含量	<5.0 mg/L	
平均腐蚀率	<0.076 mm/年	非腐蚀性水 LI(拉伸指数)<0.5
铁细菌(FB)	<$n×10^4$ 个/mL	
腐生菌(TGB)	<$n×10^4$ 个/mL	
硫酸盐还原菌(SRB)	<10 个/mL	
水中溶解氧	<0.01 mg/L	
侵蚀性 CO_2	-1.0 mg/L<C_{CO_2}<5.0 mg/L	
硫化物	<2.0 mg/L	
pH	7±0.5	孔隙型热储回灌时可略高于8.0
水中总铁含量	<0.2 mg/L	
PO_4^{3-}	<0.05 mg/L	基岩岩溶裂隙碳酸盐岩热储已生成难溶性硫酸钙

3.3.2　回灌可行性分析

地热井回灌量大小与地热地质条件、回灌水温度、回灌压力、回灌水水质、水位埋深关系密切。根据《河南省深部地热综合应用技术研究》(河南省地矿局环境一院,2017 年),将上述影响回灌的因素进行总结研究,分析热储层回灌可行性。

3.3.2.1　地热地质条件

1.新近系

新近系热储层储水介质岩性为粉细砂、中粗砂及含砾砂岩,隔水层岩性为厚层黏土及粉质黏土。热储层顶板埋深一般为 350~400 m,底板埋深大部分地区为 1 000~1 500 m。新近系地热水储层的富水性与其沉积物形成时的环境有关。山间盆地及其山前地带沉积物搬运距离近,大小颗粒混杂,分选性差,砂层中常夹泥质物质,富水性较弱。距山前较远的平原区,沉积物分选性好,砂层较纯,储层富水性相对较好,相对应的山间盆地及其山前地带热储层较平原区难回灌。

新乡热储单元属于汤阴断陷,主要含水介质岩性为细砂、中细砂,其次为粉砂、粗砂、砾岩,孔隙度 26%~30%。

开封热储单元属于济源开封凹陷里的次级单元——开封次凹,新近系明化镇组主要含水介质岩性为细砂、中细砂、粗砂及含泥质砂,孔隙度 30%~40%;新近系馆陶组主要含水介质岩性下部以灰岩、泥灰岩、钙质砂岩为主,中部以细砂及疏松砂、含砾砂为主,上部以细砂及粉砂为主,孔隙度 25%~30%。

结合以上情况分析,新乡地区含水介质岩性为细砂—中细砂,开封地区含水介质岩性为细砂—粗砂。对于含水介质来说,水分子通过难易程度依次为粉砂—细砂—中细砂—粗砂,含水介质粒径越大,水分子越容易通过。

在自然回灌条件下,新近系地层开封地区回灌量最大,为 28.46 m³/h;新乡回灌量次之,为 15.2 m³/h,采回比为 1.67~2.48。

开封地区新近系明化镇组含水层为富水区,馆陶组含水层为中等富水区;新乡市小冀望锦小区地热井所在区域为汤阴断陷,富水性为中等富水区。这两个地区热储层含水介质富水性能大小与前面所述其回灌量呈正相关关系,证明了富水性条件好的地区相应回灌条件好。

2.古近系

热储层含水介质岩性主要为细砂岩、粉砂岩、砂砾岩等。热储层含水介质泥质含量高,胶结程度较高,热储的富水性及导水性较差,相应其回灌性能也较差。

3.古生界寒武—奥陶系

热储层岩性主要为灰岩、白云质灰岩及白云岩等。其成因与深大断裂构造有关,裂隙、溶洞发育程度随深度增加渐弱,构造位置不同,其水温、水质、水量有较大差异,涌水量与构造关系密切,相应其回灌性能也与构造关系密切,在构造发育较好的地带,回灌性能较好。

综上所述,新近系热储层储水介质条件好于古近系热储层储水介质条件,其回灌性能新近系好于古近系,新近系热储回灌量与热储介质和富水性密切相关,含水介质粒径越大、富水性越好,则回灌性能越好;寒武—奥陶系热储层回灌性能主要受构造发育影响,在构造发育较好的地带,回灌性能较好。在碳酸盐分布地区同时也受溶蚀作用影响,岩层溶蚀强烈地区的回灌条件好于岩层溶蚀弱地区。

3.3.2.2　回灌水温度

回灌水量大小与热储层含水介质的渗透系数大小密切相关,大致呈正相关关系,即渗透系数越大相应回灌能力越大。同时渗透系数 K 大小与地层的渗透率 k、水的密度 ρ、动力黏滞系数 μ 存在如下关系:

$$K = \rho g k / \mu$$

式中　g——重力加速度。

根据在不同温度下水的密度和动力黏滞系数,在 $0 \sim 40$ ℃范围内,当水体温度升高时,水的密度变低,动力黏滞系数变小。但水的密度变化幅度太小可以忽略不计(参考 1990 年国际水温密度表),在这种情况下,随着动力黏滞系数变小,水的渗透系数变大,相应回灌性能提高。

对兰考中原油田第六社区新近系热储层回灌井在冬季供暖期间水温和水量变化情况进行分析,在同一压力条件下,回灌水的水温与回灌水量大致呈正比(见图 3-8、图 3-9),即在水温增高的前提下,回灌水量相应增大。

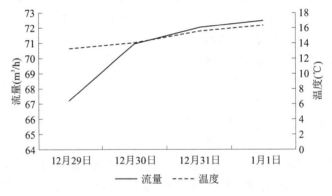

图 3-8　2015 年在 0.08 MPa 回灌压力下温度与流量变化曲线

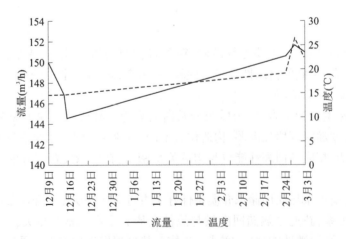

图 3-9　2016 年在 0.03 MPa 回灌压力下温度与流量变化情况曲线

3.3.2.3　回灌压力

热储层回灌类型有多种,大致可以分为自然回灌、回扬—回灌、自然回灌与封闭井口带压回灌、加压回灌。

河南省新乡市长垣县欧洲小镇小区分别于 2013 年 6 月 27 日~7 月 2 日、7 月 4 日~7 月 10 日进行了自然回灌试验、加压回灌试验,结果如表 3-5 所示。

表 3-5　回灌试验参数

序号	静水位埋深(m)	压力值(MPa)	回灌稳定水位埋深(m)	稳定回灌量(m³/h)	回灌方式
1	32.25	—	6.15	27.00	自然重力
2	—	0.35~0.38	—	48.00	加压

自然重力回灌量为 27.00 m³/h,回灌井保持水位稳定,回灌情况良好,未出现随回灌量的增加水突然溢出井口导致回灌试验无法继续的现象。当进行加压回灌时,由于压力的作用促使回灌量增加,回灌压力为 0.35~0.38 MPa,回灌量基本稳定在 48.00 m³/h 左右,是自然重力回灌的 1.8 倍,表明加压回灌效果明显。

根据天津市《孔隙型地热资源回灌模式研究》新近系、古近系单井不同回灌类型结果如下:

采用自然回灌时,回灌量小,回灌持续时间极短;采用回扬—回灌时,该地热井具备 20 m³/h 的回灌能力;采用自然回灌与封闭井口带压回灌相结合时,该地热井具备 25 m³/h 的回灌能力;采用加压回灌,在管道压力额定为 0.2 MPa 时,该地热井具备 30 m³/h 的回灌能力。

由上述可知,不同回灌类型,单井回灌量按由小到大依次如下:自然回灌、回扬—回灌、自然回灌与封闭井口带压回灌、加压回灌。

研究区新近系地热井自然回灌条件较差,范县市区小区供暖地热井、延津克明面业地热井、兰考中原油田第六社区、长垣欧洲小镇小区地热井均采用的是加压回灌的方式。

3.3.2.4　回灌水水质

回灌水的水化学类型及微生物含量、游离 CO_2 含量、O_2 含量是影响回灌性能的主要因素(《砂岩层地热水回灌实践》(德国)彼得·赛毕特,马库斯·沃夫格冉姆)。这些因素会使回灌井管及周围热储产生物理堵塞、化学堵塞。

物理堵塞的原因主要是:一方面,由于水的运动促使周围岩石碎屑不停地运动,岩石碎屑很容易堆积在回灌井滤水管孔处堵塞滤水管,同时,当大量的岩石碎屑在热储层中运动时,也会引起热储层的物理吸附阻塞;另一方面,生产中水流速过高产生的颗粒(腐蚀物)的流动,溶质离子特别是氯离子、腐蚀性气体(二氧化碳,其次是氧气)、高温都会造成或加速井管及供暖金属管道腐蚀,形成腐蚀沉淀物。

化学阻塞主要是由于温度等的改变及部分 O_2、CO_2 的进入使水中的化学成分发生变化,并生成一些新的物质,导致井管及其周围热储的化学阻塞,如铁质、钙质盐类沉淀及铁细菌、硫酸盐还原菌、排硫杆菌、脱氮硫杆菌等生化作用而产生阻塞,尤其是氧气有可能进入地热水管道,引起氧化反应。氧气与地热水接触,严格地讲,不仅仅产生铁化合物沉淀(主要原因是氧气进入了热储层)。如果含铁的化合物溶入了热储层,沉淀物会逐步降低渗透率,对热储造成永久的损坏,同时回灌水中的某些溶解物质,也能使含水介质发生水岩作用,产生阻塞。随着时间的推移,这种阻塞作用会越来越显著。

由于不能改变地热水成分,因此在选择井管材质、抽水设备、回灌设备、供暖循环设备时要采取严格的防腐措施,选择合适的材料、套管和衬管等。

另外,要随时对供暖管道、设备、仪器、井口密闭性进行监测,防止 O_2 进入其中产生化学腐蚀沉淀反应,特别是各个环节管道的封闭性避免 O_2 进入热储层。

对于回灌水长期回灌热储层造成热储层物理堵塞回灌能力下降的问题,可以考虑采用对回灌井定期进行回扬的方式,将井管及井管周围含水层中堵塞的颗粒造成扰动,使其不附着在其附近,提高含水介质的渗透率,从而提高回灌效率。

3.3.2.5　水位埋深

据收集资料分析可知,目前新乡市热储层水位埋深 56～157 m,郑州市热储层静水位埋深在 16.83～96.10 m,开封市热储层水位埋深 70～170 m,新乡一带自流,濮阳一带 5～8 m。同时随着地热的不断开发利用,研究区各区热储层水位埋深呈逐年下降的趋势,在地热资源开发利用较高的城区和集中区已形成地下水降落漏斗。

回灌所产生一定压力差,水位埋深越大,压力差越大,回灌空间越大。据天津、北京、河北等省(直辖市)地热回灌情况,一般是当热水头埋深降到 60 m 左右后,从水头压力差进行回灌比较适宜。考虑到河南省地热开发实际情况,建议地热水头埋深降低到 60 m 应进行回灌,降低到 80 m 必须进行回灌。

3.3.2.6　回灌可行性分析

通过对影响回灌性能的因素进行分析可知,根据地层、水文地质条件,新近系热储层回灌性能普遍好于古近系热储层回灌性能。寒武—奥陶系热储层回灌性能主要受构造、溶蚀发育程度影响,在构造、溶蚀发育较好地带,寒武—奥陶系热储层回灌性能好于新近系、古近系热储层;在构造、溶蚀发育较弱地带,与新近系接近;根据回灌水温度,回灌水高回灌效果好;根据回灌类型,对井回灌好于单井回灌,单井加压回灌好于井口密闭加压回灌、自然—回扬回灌、自然回灌;根据回灌水质,做好供暖、抽水井井管结构、井口密闭性监测工作,减少化学反应防止堵塞,定期进行回扬提高回灌效率。对于地下水位埋深影响因素来讲,地下水位埋深越大越容易进行回灌。

结合河南省及本次工作结果,对影响研究区主要热储层回灌性能的因素进行了分析,综合考虑河南省"'十四五'能源发展规划"对主要热储层回灌可行性进行综合性分析评价,认为在现状条件下,河南省新近系、古近系热储层自然回灌能力有限,宜采取加压"一采两灌"方式回灌。寒武—奥陶系热储层回灌能力受构造、溶蚀发育程度限制,处于构造发育边缘地带。裂隙构造发育程度较低的地带应采用加压"一采一灌"方式回灌,在其他构造及溶蚀发育较好的地带宜采用自然"一采一灌"方式回灌。

3.3.3　回灌进一步管理建议

3.3.3.1　回灌模式建议

原则上应遵循原水同层回灌(成井目的层相同),且应对地下水流性质和不同温度下水岩互相作用进行评价;不能做到同层回灌的异层采灌系统,开采层的水质应好于回灌井但不宜相差过大,要求水质类型一致,矿化度相近;同时在回灌之前进行两种(或多种)不同水质的室内混合注水试验,必须进行水质混合和水岩相互作用评价,证实两种(或多种)水的配合性好,对储层无伤害方可注入。

3.3.3.2　回灌监测建议

在每组回灌生产运行的地热井中,回灌启动之后,在回灌井水位或者回灌压力基本稳定(波动范围在 5~10 cm/min)或水温无明显变化后,分别在抽水井井口、回灌井井口同时取样进行地热流体质量分析,送检项目应包括全分析、酸性样、碱性样、气体样、悬浮物(含量、颗粒大小及成分)、溶解氧含量、侵蚀性二氧化碳、细菌样(铁细菌、硫酸盐还原菌、腐生菌)。各分析项目取样送检宜在回灌运行的前期、20 d 内同时或分别完成。

回灌井回扬洗井时,应在回扬水水温无明显变化或井内水位基本稳定(波动范围在 5~10 cm/min)时取样进行水质分析,送检项目同上。各分析项目取样送检均需在回扬期间内完成。

在回灌生产运行过程中,应密切关注回灌水的水质变化情况。如果发现水质变浑浊、含砂量增加或出现回灌量衰减、回灌井堵塞、结垢等情况,应随时取样送检并及时采取措施进行处理。当回灌停止或暂停时,应以一定的时间间隔测量回灌井和抽水井内的温度剖面,以观测回灌井停灌后的升温情况和抽水井中可能的冷却。

3.3.3.3　回灌试验建议

在回灌工程中,非常重要的一点就是避免由于回灌水过快地到达抽水井,从而引起抽水井温度的降低;反之,如果回灌井距离抽水井或地热开采区过远,导致回灌水到达抽水井时间过长,则不能起到保持热储压力、稳定地热田生产能力的作用。地热回灌高度依赖场地,每个回灌工程之间会因为抽水井和回灌井之间的地质条件不同而存在差异。因此在生产回灌之前建议进行回灌试验,并在回灌试验的过程中进行示踪试验,以研究回灌水在热储中运移的规律,研究回灌对于稳定热储压力和改善地热田生产技术条件方面的作用,研究合理的回灌量和运行方式。

3.4　地热动态监测技术研究

3.4.1　地热动态监测现状

当前,世界正在经历新一轮技术革命与工业革命,发展过程呈现"一核多翼"的演进格局。"一核"是指以信息技术深度与全面应用为核心,"多翼"包括新能源技术、新材料技术、生物技术、航天技术等不同领域。美国、英国地质调查工作的发展趋势也表明地质工作将从以野外区域调查为主转向以大数据综合分析研究为主。

近日,中国地质调查局发展研究中心发文称:目前,我国已经形成了巨量的与地质工作相关的数据。这些数据包括:以往地质工作形成的地质数据,各种观测监测探测网形成的资源环境动态数据,地理、气象、水利、环境等部门形成的地学与资源环境数据,与人类活动相关的社会经济数据等。

数字化、网络化、智能化技术的发展与应用,将这些数据有机地汇聚在一起,形成了巨大的"大数据矿山"。在这座"山"中,可能隐藏着大量对经济社会发展有价值的资源,需要地质工作去"勘查和开发",形成有价值的"信息矿产",去服务支撑国家重大资源、环境与生态问题的解决,如图 3-10 所示。

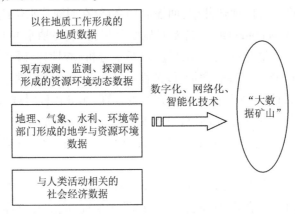

图 3-10　基于信息技术应用形成的"大数据矿山"

从发达国家来看,大数据分析研究已经成为地质工作的主体内容。例如,美国地质调查局(USGS)的野外区域调查在其全部工作中所占比例很小,主要工作是基于已有的调查数据、监测数据开展大数据分析研究,构建地球监测分析与预测框架(EarthMAP);英国地质调查局(BGS)将主体工作从调查、监测转移到了定量建模、预测和预报,基于大数据分析研究构建环境模拟平台(EMP)。美国、英国地质调查工作的发展趋势表明:地质工作将从以野外区域调查为主转向以大数据综合分析研究为主。

目前,北京、天津、上海已经开展了不同程度的地热能供暖监测工作,其中北京及天津对浅层地热能、中深层水热型地热能进行了动态监测,上海对浅层地热能进行了监测。雄安新区的地热资源动态监测工作已经纳入日程。

为避免无序开采破坏地质环境,河南省加强了地热监测平台建设力度,省发展和改革委员会同省地矿部门自主研发了监测系统,初步建立省级地热能供暖监测平台构架,覆盖各种类型的地热能供暖项目,实现实时传输、资源动态预警,目前基本框架已建成试运行,并完成了监测设备优选与试点安装,2021 年完成大气污染通道城市及汾渭平原城市地热能供暖监测全覆盖,2022 年基本实现全省全覆盖。

3.4.2　地热动态监测系统分析

河南省地热资源动态监测系统建设总体规划布局为"1+1+3+N",意为一个总平台、一个云架构的地热资源数据中心、三大核心业务应用平台、新建 N 个应用子系统,实现地热资源动态监测、数据集成、精准服务、科学预警(见图 3-11)。现将河南省地矿局委托河南省地矿局环境二院建立的地热能动态监测平台构架介绍如下。

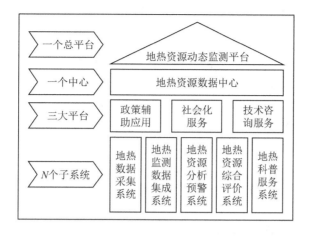

图 3-11　河南省地热资源动态监测系统构架设计图

3.4.2.1　监测系统的建设

依托 GPRS/CDMA 网络,根据各级软件系统开发运行的基础软件需要,构建相关配套基础软件,包括地理信息系统软件、应用服务器中间件、操作系统、网络防病毒软件、地热资源数值模拟软件等,保障各级系统运行所需的基础软件环境需要,从而实现地下热水水位、水温、用(回)水量等参数的远程监测及地下热水变化规律的动态分析和预测。

3.4.2.2　监测参数及获取

在河南省范围内逐步实现浅层地热能供暖项目和中深层水热型地热能供暖、其他开发利用项目的动态监测,主要监测参数包括:供暖面积与效果、水位、水温、中深层水热型地热资源的开采量与回灌量、地热开发利用过程对地质环境影响的参数等。优选并确定监测设备和仪器、现场安装(见图 3-12)。

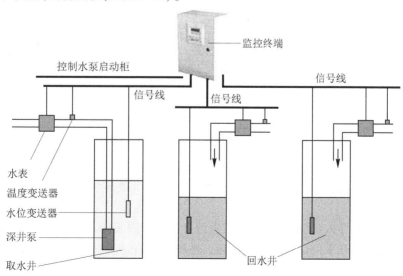

图 3-12　地热井监测点设备连接示意图

3.4.2.3　监测数据的集成

1.异源数据集成

可将不同厂家、不同类型的监测数据集成在同一数据库中,支持 SQLServer 数据库、Oracle 数据库、Mysql 数据库、其他数据库等。

2.自动采集服务

系统设置采集数据为系统服务,无须人为干预,进程自动从源数据库中按照设置好的采集时间自动进行读取。

3.公式定制

不同传感器类型可定制转换公式,将对应获取的监测数据根据配置的公式计算出统计分析所需要的值。

3.4.2.4　建立地热监测数据集成数据库

建立标准统一的地热数据集成数据库,监测数据依托于地热井现场数据采集装置,由一台工业控制计算机和数个流量、温度、压力、液位等传感器组成(见图 3-13),负责对地热开采井的温度、压力、流量、液位等过程量进行实时采集,并在上位主控计算机远程要求采集地热井相关数据时,集成发送地热井最新动态数据。

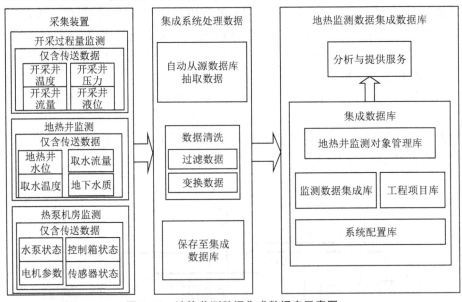

图 3-13　地热监测数据集成数据库示意图

基础信息入库:包括基础地理信息和基础地质信息,可以附件挂接的形式显示基础信息。

监测对象入库:以树形结构管理工程、项目和监测对象热水井,通过新建、编辑、更新的形式入库。

地热探井数据导入:以地热工程项目进行分类组织同步导入,主要内容有地热钻孔基本信息、水质信息、开采量信息、热储层信息、各种试验信息、钻孔岩性信息、测井曲线数据及测井井压数据等。

地热资料导入:提供地热工程项目中不同类型文档资料的批量导入,包括地热资源图类数据和地热实时监测资料。

3.4.2.5 信息管理

1.地热信息

用树形结构显示当前项目里所有地热资源管理的对象,显示项目、工程、地热井、传感器、文档资料和基础地理地质不同属性对象。

2.传感器管理

对项目下所有的传感器设备进行管理,根据不同传感器类型设置数据同步间隔、初始值、测量参数公式等。

3.监测数据管理

实时显示监测水量、水温、水位、水压等数据,为地热资源主管部门对地热资源的开发利用提供可靠数据。

3.4.2.6 系统功能开发

1.地热资源动态数据分析

地热资源动态数据统计:提供热水井实时流量动态过程曲线图和监测站点取水量柱状图(实时、历史对比图),也可以对多个监测站点下多个监测数据(水位、瞬时流量、开采流量)的最大值、最小值、平均值进行统计。

地热数据曲线生成:地热资源动态数据包括水位、水质、开采量、水温等(见图3-14),随着时间的推移,这些动态向量随开采条件发生着变化,绘制其历史曲线,供用户直观地了解这些观测要素的动态变化特征。

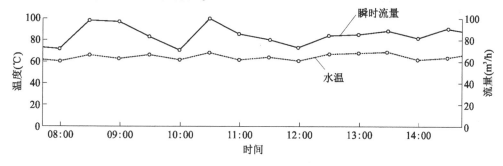

图3-14 地热动态监测参数数据曲线模拟图

2.地热资源动态数据报警

地热资源动态数据报警:管理人员可对瞬时流量、累计流量、水位、设备状态等监测项设置阈值,当监测数据超过阈值时进行报警,当出回水比例失调和设备工作状态出现异常时直接报警,可及时发现险情或有效避免设备故障(见图3-15)。

地热报警信息查询:系统提供对监测数据报警信息记录进行查询,可按照时间段告警信息类型或设备状态进行检索。

3.地热资源专题图表生成

地热资源分布图:提供区域内地热资源储量的分布情况,显示范围内地热分布差异。

地热井分布图:提供当前地热井坐标布置并显示在地理底图中,可详细直观地了解各地热井的相对位置。

地热层剖面图:可直观地展现地下的内部构造,主要反映了切开断面上岩层及构造形

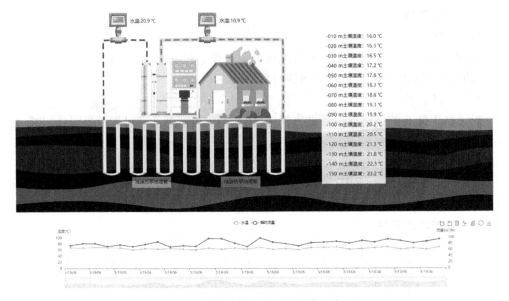

图 3-15　　地热资源动态监测预警示意图

态,横向剖面反映构造形态最清楚(见图 3-16)。

　　地热相关等值线图:系统将提供多种热储层等值线图,包括热储层顶板埋深等值线图、地热水位标高等值线图、地下水等水压线图等,用于直观地反映地下水温度、水位埋深、水压等分布特征(见图 3-17)。

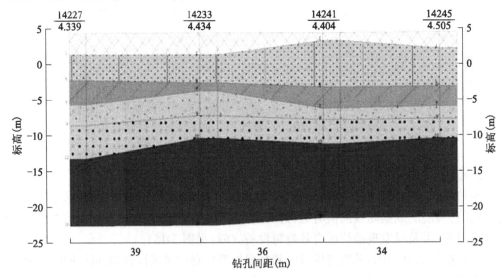

图 3-16　　地热层剖面示意图

4.地热资源分析预测

　　预测参数包括地下地热资源可采储量、水位、水质、水温等。

　　应用的预测方法包括 AR 时间序列模型、Verhulst 反函数模型、灰色模型、BP 神经网络模型、最小二乘拟合等。

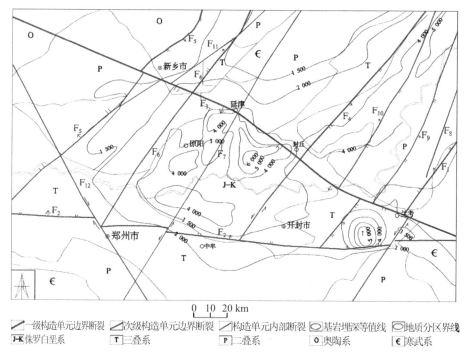

一级构造单元边界断裂　　次级构造单元边界断裂　　构造单元内部断裂　　基岩埋深等值线　　地质分区界线
J-K侏罗白垩系　　T三叠系　　P二叠系　　O奥陶系　　ℂ寒武系

图 3-17　地热相关等值线示意图

5.地层结构建模

三维钻孔建模:绘制建模范围再从数据库中提取范围内钻孔的信息进行建模,用户可筛选建模钻孔,设置钻孔模型的显示参数(见图 3-18、图 3-19)。

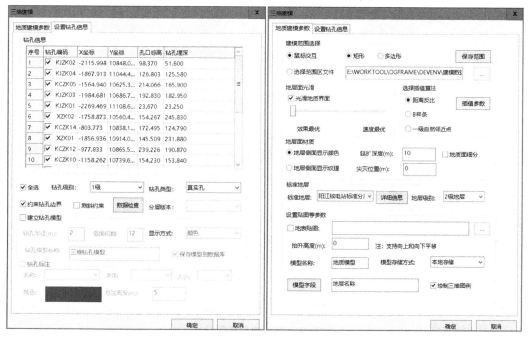

图 3-18　钻孔信息设置示意图　　　　　**图 3-19　地质建模参数设置示意图**

地质体建模:地层结构建模是根据相应钻孔模型地层信息,按照插值算法进行相应的地层模拟。建模范围的鼠标绘制包括矩形和多边形(见图3-20)。

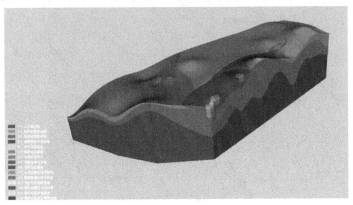

图 3-20　钻孔地质体模型

6.地层模型分析

系统提供一整套三维实体剖切分析功能,可以更加真实详尽地了解地质模型内部的组织情况,如平面切割、组合切割、折线切割、模型剖切、溶洞模拟及漫游和虚拟钻孔创建等(见图3-21)。

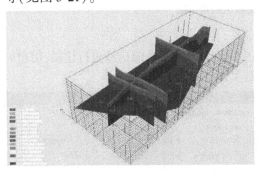

(a)平面切割示意图

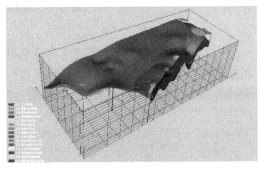

(b)组合切割示意图

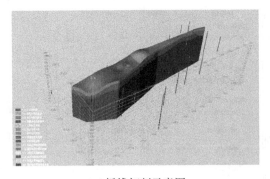

(c)折线切割示意图

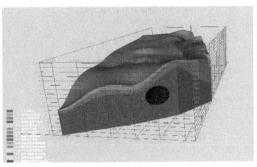

(d)溶洞模拟示意图

图 3-21　钻孔地层模型分析

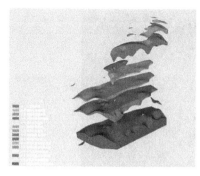
（e）剥层分析示意图

（f）钻孔模拟示意图

续图 3-21

7.三维热储模型构建

三维热储模型构建依赖地热资源数据库提供的离散化属性信息,如水温、水位或水质参数等,通过插值加密的方式计算得到每个最小单元的属性值,可定义三个方向的块体间隔、块体数目、分块设置、插值类型等参数,利用数据插值方法构建属性体模型,数据库提供的离散化信息越密集、越精确,属性模型越准确（见图 3-22）。

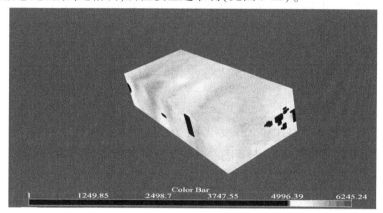

图 3-22　三维热储模型构建示意图

模型可视化编辑:热储模型建立后,可对模型可视化效果进行修改,包括透明度和色表编辑,用户可对透明度和色表图例进行设定编辑。

8.三维热储模型可视化

数据建模后,可对数据的建模结果——可视化效果进行修改,包括透明度和色表编辑,用户可对透明度和色表图例进行修改,从而对模型进行可视化效果的修改。对色表颜色的修改可以直接定义色表模式,或者拖动某个颜色点修改色表（见图 3-23）。

9.三维热储模型分析

轴向平面切割分析:为了对模型进行更细致的观察或更精细的分析,可以对模型进行切割,切割过程中有体显示和切片显示两种方式,体显示包括 X、Y、Z 三个方向的切割控制。

任意平面切割分析:任意平面切割分析功能指设置 X、Y、Z 三个方向比率以及切割比

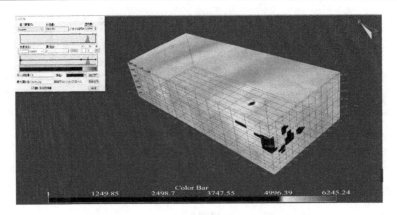

图 3-23　三维热储模型可视化效果示意图

率对模型进行切割。

等值面追踪:为更清晰地显示属性值的走势、分布提供等值面追踪功能,自动建立等值面。

属性值过滤:是对体模型属性值分析,利用设置的过滤值和大于、小于等符号对过滤值进行控制,配合透明度进行显示,为用户查看某个区域值的分布提供支持。

根据地热资源属性参数进行属性建模,并对生成的体模型进行模型分析和可视化效果修改。三维属性模型分析包括轴向切割及切片分析、任意平面切割分析、等值面追踪和属性值过滤等功能,可以更加真实详尽地了解地质体内参数,配合透明度进行显示,为用户查看某个值域的分布提供支持。

10.地热水位曲面模拟

历史地热监测数据的格式独立开发出来,历史监测数据保存了各监测点每年的水位变化值,因此在进行曲面的模拟过程中,默认将第一年的数据作为初始数据创建第一年的曲面模型,然后将下一年的监测改变值增加到上一年中,从而完成新一年的水位变化曲面模型的模拟(见图 3-24)。

图 3-24　地热水位曲面模拟示意图

11.地热资源综合评价

综合评价方法:计算方法要依据地热赋存岩性、热储类型进行选择。目前,地热资源量计算方法有很多,主要有热储法、自然放热量推算法、水热均衡法、类比法等。热储法是一种常用且较简单的方法。

热储法:利用热储层的技术参数,查明各热储层的孔隙度、有效孔隙度、渗透系数、压力传导系数等参数,以及地热流体的温度、压力、矿量及化学组分、微量元素成分等,为地热资源的储量计算及地热流体的利用评价提供依据。

地热资源储量评价:主要是指对地热存在区域内的地热能、地热流体的数量和质量做出估计,是进行合理开发利用规划的前提。

3.5 地热开发环境影响评价方法研究

地热清洁能源可广泛应用于发电、供暖(制冷)、供热、烘干、温泉度假和旅游、医疗保健等领域,具有资源储量大、分布广泛、清洁环保、开发利用方便等特点。河南省地热资源丰富,市场潜力大,发展前景广阔。发展地热资源产业,促进地热资源科学、高效、综合开发利用,对优化能源结构、节能减排、环境保护和减少雾霾具有积极意义,也是促进生态文明建设的重要举措。目前,河南省对地热环境影响评价没有进行过深入细致的研究。本书通过分析研究地热能开发利用过程中的环境问题和地热能开发利用环境影响评价内容,尤其是地热供暖系统环境影响评价方法,试图剖析出地热开发工程全生命周期下环境影响评价的新态势,促进研究区地热资源在环境友好的前提下得到更好的开发和利用。

3.5.1 地热能开发利用过程中的环境问题

深层地热能开发利用过程主要包括勘查评价、开采和利用管理三个阶段,其中前两个阶段的利用方式均相同,第三个阶段则有所区别。目前,常用的深层地热能利用方式是供暖,下面对其环境影响进行分析(见图 3-25)。

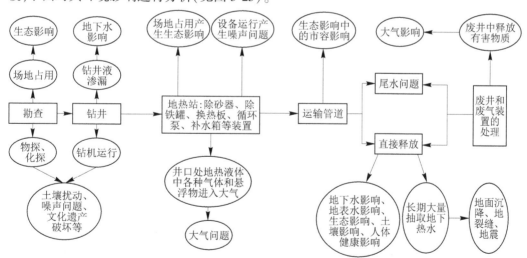

图 3-25 深层地热能开发利用过程的环境影响分析

在勘查评价阶段,场地需要清除周围植被,这会对生态环境造成暂时的影响,勘查结束后,可人工修复破坏的植被;进行地球化学勘探时,钻探过程以及地下水取样过程对土壤产生扰动;物探过程中采用人工地震法时则会产生一定的噪声。总体而言,勘查阶段的环境影响均为暂时性的,伴随着勘查工作结束而消失。

在开采和利用管理阶段,噪声问题较为突出,但噪声源位于地热站室内,对当地居民影响较小,地热站工作人员可采取适当保护措施。针对地热尾水处理,完全回灌是最理想的方式,但受地质条件或技术条件的限制,有些地区回灌率较低,甚至不能回灌,这必将会对尾水排放区造成地表水、地下水、土壤等被污染的环境产生影响,同时长期大量开采地下热水会产生地面沉降、地裂缝、地震等地质灾害。

项目退役后,除对废弃装置进行处理外,还需注意对废井的处理。为了避免废井中有害物质释放造成大气污染,可采用二次利用或填埋的方式。

3.5.2　地热能开发利用环境影响评价内容

《建设项目环境保护管理条例》规定建设项目环境影响评价应包括以下内容:建设项目概况、建设项目周围环境现状、建设项目对环境可能造成影响的分析和预测、环境保护措施及其经济与技术论证、环境影响经济损益分析、对建设项目实施环境监测的建议和环境影响评价结论。地热项目环境影响评价需要根据地热资源的特点来增加相关内容,如清洁生产、公众参与、评价和环境管理及环境监测制度建议等内容。

3.5.2.1　工程分析

工程分析是从环保角度对项目建设性质、产品结构、生产规模、原料路线、工艺技术、设备选型、能源结构、技术经济指标、总图布置方案、占地面积等进行分析。

开展工程分析时,首先,需要了解与该项目相关的产业政策、能源政策、资源利用政策和环保技术政策等相关政策法规,从宏观上把握建设项目与区域乃至国家环境保护全局的关系;其次,根据项目的性质、类型、规模、污染物种类、数量、排放方式和排放去向等工程特征,通过全面系统分析,从众多环境影响因素中筛选出对环境干扰强烈、影响范围大并有致害威胁的主要评价因子,同时应明确项目的特征污染因子(林革,2002);最后,从环保的角度为项目选址、工程设计提出优化建议。工程分项内容见表3-6。

表3-6　工程分项内容一览表

工程分析项目	工作内容
工程概况	地热项目名称、性质、建设区域范围;已经进行的开发活动产生的污染有生态影响及存在的环境问题
总体开发力案	热储层特征(地质特征、地层特征、地热水性质等);地热工程开发方案(开发范围、开发层系、井网部署等);钻井工程方案(井型的确定、井身结构、钻井设备选择、钻井液、完井方式等);地面工程建设方案(地热站布局、地热水输送工程及工艺、辅助工程等)
环境保护影响因素分析	根据地热项目的工程组成,在正常和非正常两种工况状态下,分析不同阶段的开发活动(工艺流程)对环境可能产生影响的因素,包括污染生态影响因素和非污染生态影响因素;筛选环境影响评价因子
环境保护措施分析	分析不同阶段的污染防治措施及生态保护措施;给出不同阶段拟采取的环境保护措施
工程分析小结	最佳开发方案;筛选确定的主要污染物与污染因子;主要污染因子的削减与治理措施;可能产生的事故特征与防范措施建议;必须确保的环保措施项目和投资;其他重要建议

3.5.2.2　清洁生产与环境影响经济损益分析

《中华人民共和国清洁生产促进法》规定,清洁生产是指不断采取改进设计、使用清洁能源和原料、采用先进工艺技术与设备、改善管理和综合利用等措施,从源头削减污染,提高资源利用效率,减少或者避免生产、服务和产品使用过程中污染物的生产和排放,以减轻或者消除对人类健康和环境的危害。在地热建设项目环境影响评价中,首先从生命周期全过程考虑建立清洁生产指标体系;其次按照清洁生产的原理,从提高资源能源利用率和减少环境污染出发,对勘查评价、开采、利用管理过程的清洁生产指标进行分析,并按照国家、地方和行业的有关规定及类比调查结果,提出相应的改进意见与要求。

《中华人民共和国环境影响评价法》第三章第十七条明确规定,要对建设项目的环境影响进行经济损益分析:环境影响经济损益分析是通过估算某一项目、规划或政策所引起的环境影响的经济价值,并将环境影响价值纳入项目、规划或政策的费用效益分析中,判断环境影响对项目、规划或政策的可行性产生的影响程度。地热建设项目中对环境产生的负面影响需估算出环境损失,对环境产生的正面影响需估算出环境效益。

3.5.2.3　环境质量现状调查与评价

环境质量现状调查与评价是环境影响评价的重要组成部分。先了解项目调查地区的环境特征,再将这些特征与环境影响要素评价等级相结合,以此来确定各环境要素的调查范围,从而筛选出需要调查的相关参数。通过收集资料、现场调查和遥感调查等手段调查项目所在区内的自然环境和社会环境现状。自然环境调查需收集调查区及其邻近区的地形图(比例尺可在1:25 000~1:100 000间选取),该地形图上应标有经纬度、地表状况、拟建项目厂区位置、村镇及城市分布、主要厂矿及大型建筑物、常规气象站及监测站位置等(王燕,2005),具体调查内容见表3-7。社会环境调查主要包括调查区人口、工业与能源结构、农业与土地利用情况、交通与公用设施、文物与珍贵景观和人群健康状况等方面的内容。

表 3-7　自然环境调查内容

调查项目	调查内容	相应图件要求
地理位置	项目所在地理位置(行政区位置图、交通位置四邻)	附相应地理位置图
地质	当地地层概况、地壳构造的基本形式和热储分布情况等	附相应的地层图
地形地貌	海拔高度、地形特征、地貌类型	—
气象气候	主要气候特征和主要天气特征;气温、降雨量、风速、盛行风等	附风向、风速玫瑰图
水文地质(地下水)	地下水开采利用情况、水文特征、水质现状和污染现状及污染来源	—
地表水	水系构成及各河流概况,地表水利用情况、水文特征、水质现状及污染来源	附地表水水系图
土壤与植被	土壤污染的来源及质量现状;植被情况、主要生态系统类型;自然景观及其特征	—
其他	敏感保护对象、自然灾害因子等	附自然保护区分布图

通过环境质量调查,根据相关环境影响评价技术导则分析地热工程所在区域的空气、地表水、地下水、噪声质量状况,评价指标见表3-8。根据调查结果对单项环境质量现状进行评价,并总结出调查区目前存在的主要环境问题。

表 3-8　环境质量现状评价指标

评价项目	评价指标
环境空气质量	PM10(或 PM2.5)日均值、年浓度;CO_2、SO_2、H_2S、NO_2 小时均值、年均浓度
地表水质量	pH、溶解氧、高锰酸盐指数、BOD_5、COD、总氮、挥发酚、氰化物、砷、汞、六价铬、铅、镉、石油类、总磷、铜、锌、氟化物、硫化物等
地下水质量	pH、总硬度、硫酸盐、氯化物、挥发酚、高锰酸盐指数、亚硝酸盐氮、氨氮、氟化物、氰化物、总大肠杆菌、汞、阴离子洗涤剂、铁、锰、铜、砷、硒
环境噪声质量	其昼夜超标情况

3.5.2.4　环境影响预测与评价

环境影响预测是依据全面科学的环境检查来构建项目技术流程与环境影响因素之间的关系。通过矩阵法、图形叠置法和列表清单法等方法分辨可能产生的环境影响因素,结合环境质量现状的调查结果及工程分析结论,评价和预测可能产生的环境影响,主要包括环境影响因子、影响对象、影响程度及影响方式。在预测和评价过程中,需考虑当地环境特点及环境保护的具体要求,对特殊的环境敏感区和环境敏感目标进行特殊考虑。

3.5.2.5　环境风险评价

环境风险评价是指对建设项目建设和运行期间可预测的突发性事件或事故(一般不包括人为破坏及自然灾害)引起有毒有害、易燃易爆等物质泄漏,或突发事件产生的新的有毒有害物质,所造成的对人身安全与环境的影响和损害进行评估,提出防范、应急与减缓措施。其目的是分析和预测建设项目存在的潜在危险和有害因素,并提出合理的防范、应急和减缓措施,使损失和环境影响达到可接受水平。

环境风险评价的基本内容包括风险识别、源项分析、后果计算、风险计算和评价以及风险管理。评价前需根据物质危险性和功能单元重大危险源判定结果以及环境敏感程度等因素,划分环境风险评价工作等级。

地热项目中存在的环境风险主要有施工期间井喷和地下水污染等,为了降低其风险,可采取如下措施:

(1)施工过程中加强监控,设置临时沉淀池或应急水罐,确保井喷状态下地热水不外排。

(2)选择有地热施工经验且技术力量强的施工队伍,准确定位各含水层顶、底板位置,对地热开采层段与第四系、新近系地下水含水层进行有效止水。

(3)严格按照施工设计进行施工,保证地热井成井质量,防止超层开采,施工过程中应自觉接受建设项目所在市自然资源局等监管部门的监督管理。

3.5.2.6　公众参与与评价

公众参与的目的是维护公众合法权益,确保政府决策的透明化和民主化。通过充分征询并听取公众意见及要求,增强建设项目的透明度,发现潜在的环境问题,减少项目建设开始后可能带来的社会矛盾,使项目环保设计和建设更加科学可行,从而最大限度地发挥项目的效益。按照《环境保护公众参与办法》(环发〔2015〕35 号)要求,建设单位或者其委托的环境影响评价机构和环境保护行政主管部门应当按照本办法规定,采用便于公众知悉的方式向公众公开环境影响评价的有关信息,并采取调查公众意见、咨询专家意见、座谈会、论证会和听证会等形式公开征求公众意见。在报送审查的环境影响评价报告书中应附有上述意见采纳与否的说明。

3.5.2.7　环境保护措施与对策

针对地热资源开发利用中的主要环境问题,根据其产生缘由提出有效可行的治理措施。如大气污染主要来自施工过程中的扬尘,可以在施工期本着“预防为主,保护优先”的原则对施工现场采取设置围栏、工棚及覆盖遮蔽等措施。在施工过程及时清理堆放在场地上的弃土、弃渣和道路上的抛撒料、渣,不能及时清运的,为防止二次扬尘必须适时采取洒水灭尘等措施。施工期的废水污染主要源于钻井液、洗井废水的渗漏、抽水试验废水以及施工人员盥洗类生活用水,可严格控制操作程序,以减少钻井液“跑、冒、滴、漏”和废钻井液的产生量,将洗井废水排入防渗泥浆池中与废弃泥浆进行无害化处置。施工噪声污染主要来源于运输设备和施工机械,如钻机、发电机、泥浆泵和空压机等,施工单位应优先选用低噪声机械设备或自带隔声和消声的机械设备,为减少噪声污染对周围居民的影响,井场选址应尽量避开学校教学区和居民区等。施工期间固体废物主要来源于钻井泥浆、井场油污手套、棉纱、麻绳和管线开挖产生的土石方等,为此可采用新型清洁钻井泥浆,以提高泥浆的重复利用率,并做好泥浆池的防漏防渗处理,加强施工现场环境管理与监督。

3.5.2.8　污染物排放总量控制分析

污染物排放总量控制是指根据一个地区或区域的自然环境和自净能力,依据环境质量标准,控制污染源的排放总量,把污染物负荷总量控制在自然的承载能力范围内(唐大元等,2010)。按照国家对污染物排放总量控制指标的要求,结合地热项目本身的特点,提出污染控制内容及控制目标。地热项目中建设期主要污染控制内容包括钻井泥浆岩屑及生活垃圾、机械噪声、扬尘和生活废水,运营期主要污染控制内容包括大气污染(污染控制内容为 NO_2、SO_2 和烟尘)、水污染(污染控制内容为 COD、BOD、石油类、氨氮、尾水温度和尾水溶解性固体等)、固体废物和噪声。

3.5.3　地热供暖系统环境影响评价方法

3.5.3.1　生命周期评价

生命周期评价(LCA)是一种产品、工艺过程或活动从原材料的采集到生产、加工、运输、销售、使用、回收、养护、循环利用和最终处理整个生命周期系统的环境负荷过程(王寿兵等,1998)。生命周期评价分为互相联系的、不断重复进行的四个步骤,即定义目标与确定范围、清单分析、环境影响评价和结果解释(杨建新等,2002)。

1.定义目标与确定范围

定义目标与确定范围是证明周期评价的第一步,它直接影响到整个评价工作程序和最终的研究结论(贾小平等,2007)。定义目标即清晰地阐述展开地热开发工程生命周期评价的目的、原因和研究结果可能应用的领域。地热工程生命周期评价的评价范围不仅包括地热工程本身,还包括与之相关联的外界环境,即物质和能量的输入、输出,如地源热泵运行过程中消耗的电能和水的输入,地热尾水排放到外界环境中的氟、重金属等的输出。

2.清单分析

清单分析是指对一种产品、工艺和活动在其整个生命周期内的能量与原材料需要量,以及对环境的排放量(包括废气、废水、固体废弃物以及其他环境释放物)进行以数据为基础的客观量化过程(胡新涛等,2010),即对地热工程整个周期内消耗的资源、能源以及向环境的排放量进行统计和量化分析,根据统计信息和经验值得出单项排放因子的排放量和单项有限资源的消耗量等。

3.环境影响评价

对清单分析中得出的量化数据进行进一步综合,将几个有共同环境影响作用的排放因子进行归类并特征化,最后得出一个或几个具有可比性的影响环境的潜在值。目前常用的分类方法是将环境影响归为四大类,即全球变暖、环境酸化、富营养化和有限能源消耗(籍春蕾等,2012)。

4.结果解释

深入地剖析环境影响评价的结果,分析出产生这种结果的原因,并在地热能工程工艺流程的整个生命周期内探寻减少能源损耗和污染物排放的契机,提出有效的改进措施。生命周期环境影响评价(LCIA)实质上是对清单分析结果进行定性或定量排序的一个过程。根据 ISO 14040 标准的概念框架,构建生命周期评价模型框架(见图 3-26)。通过评估每一具体环境交换对已确定的环境影响类型的贡献强度来解释清单数据,包括四个技术步骤,即计算环境影响潜值、数据标准化、加权评估、计算环境影响负荷和资源消耗系数(杨建新等,2001)。

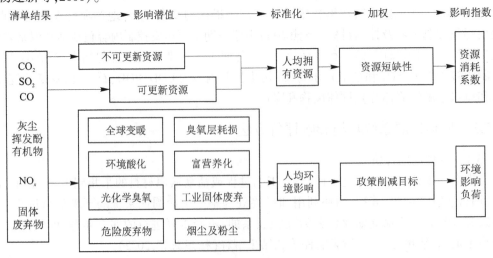

图 3-26　LCIA 模型框架方法

生命周期评价需考虑几百个工艺流程、十几种乃至上百种环境指标和原材料及产品,要完成大量的数据采集和核算,过程复杂、工作量大,因此充分利用先进的计算机信息技术开发 LCA 数据库及其软件系统,已成为 LCA 研究的一项重要基础工作(Rice G 等,1997)。在对地热工程进行生命周期评价时,利用计算机不仅可以进行复杂的数据处理,而且可以存储信息以备后续使用。LCA 软件系统借助于计算机软件系统对产品生命周期中的资源消耗和环境影响进行分析与评价,其主要目的是使烦琐的清单数据收集和分析工作以及后续的影响评价阶段计算机化(狄向华,2005)。国外对生命周期评价研究得较早,并且设计出多种生命周期评价软件,比较著名的有加拿大可持续发展研究所开发的 Athcna 软件、荷兰 Leiden 大学环境中心开发的 CMLCA 软件、德国斯图加特大学开发的 GABI 软件等,这些种类繁多的软件系统都存在一些问题,不能直接应用于我国实践(张亚平等,2005)。

我国在此方面的研究相对较晚,目前应用较广的是亿科环境科技有限公司开发研制的 eBalance 软件。该软件的测试版中内置有物质名录管理器、清单数据库管理器和 LCIA 指标管理器。利用 eBalance 软件进行地热能生命周期环境影响评价时,先建立生命周期模型,在清单数据库管理器中对地热能工程清单数据进行收集和分析,根据数据选择计算基准流和计算指标,然后计算出特征化指标、归一化结果、清单数据敏感度和各过程产生环境影响的比重,最后对计算结果进行分析。该软件对地热能工程进行生命周期环境影响评价有着快捷方便、切实可行的效果。

利用生命周期评价方法,可以全方位地评价地热工程项目建设过程中产生的环境影响,有利于在项目审批阶段对地热工程环境效益的总体把握,尤其是在当前资源条件各异的情况下,利用全生命周期方法,有助于工程优化,促进地热资源合理有效的利用。

3.5.3.2　地下水环境影响评价

地下水环境影响评价的基本任务包括:评价地下水环境现状、预测和评价建设项目实施过程中对地下水环境可能造成直接和间接的危害(包括地下水污染、地下水流场或地下水位变化)以及针对这种影响和危害提出防治措施,预防与控制地下水环境恶化和保护地下水资源,为建设项目选址决策、工程设计和环境管理提供科学依据。

其评价工作可划分为准备现状调查、工程分析、预测评价和报告编写四个阶段,根据《环境影响技术评价导则　地下水环境》(HJ 610—2016)中建设项目对地下水环境影响特征的分类标准将地热开发利用项目归为Ⅲ类建设项目,因为在地热开发利用的生命周期中可能造成地下水水质污染、地下水流场或水位的变化等问题。

地下水环境影响评价因子主要从水质、水量及水温、环境地质问题三个方面进行考虑(见图 3-27)。水质方面有氨氮、氟化物、汞、砷、镉、硫化物和放射性;水量及水温方面主要有水位和水温;环境地质问题又可以划分为地下水位降落漏斗、地面沉降及地裂缝,地下水位降落漏斗通过中心水位降和水位下降速率来衡量,地面沉降及地裂缝通过水位变化速率、变化幅度、水质和岩性指标来衡量。

水质评价可采用等标污染负荷比法、标准指数法和多项水质参数综合评价法进行评价。水位及水温评价需要根据动态监测数据进行分析,并根据地下水量均衡法和地下水数值模拟法等建立地下水评价预测模型,通过直接计算法、经验数值法和图解法等确定地下水位变化区域半径。地热项目导致的环境水文地质问题可采用预测水位与现状调查水

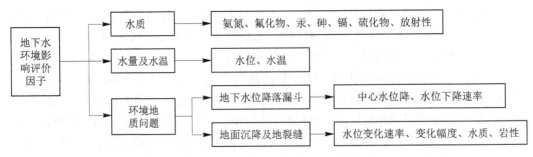

图 3-27　地下水环境影响评价因子

位相比较的方法进行评价。具体如下:采用中心水位降和水位下降速率对地下水位降落漏斗(水位不能恢复、持续下降的疏干漏斗)进行评价;根据地下水位变化速率、变化幅度、水质和岩性等分析地面沉降和地裂缝的发展趋势。

3.5.3.3　地表水环境影响评价

地表水环境影响评价的基本任务包括:评价地表水环境现状;根据国家污染源排放标准,就建设项目对地表水可能带来的污染性质和污染量进行预测和评估;提出优化污染控制方案(具体评价工作流程见图 3-28)。

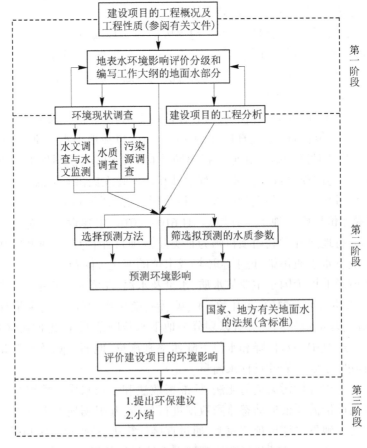

图 3-28　地表水环境影响评价工作流程

地表水环境影响评价因子分为持久性污染物、非持久性污染物、酸碱污染物和废热四种类型(见图 3-29),不同类型污染物调查和评价方法均有区别。持久性污染物主要包括悬浮物、硫化物、砷、铅、镉、硼和氟化物;非持久性污染物主要包括挥发酚;酸碱污染物的衡量标准是 pH;废热的衡量标准是水温。

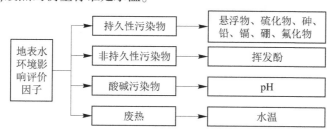

图 3-29　地表水环境影响评价因子

持久性污染物、非持久性污染物以及酸碱污染物因子的评价可采用单项水质参数评价法或多项水质参数综合评价法。一般情况下,单项水质参数评价法的水质参数可采用多次监测的平均值,但如果该参数值变化较大,为了突出高值的影响可采用内梅罗(Nem-erow)平均值,或其他计入高值的平均值(范莉茹等,2010);多项水质参数综合评价法即把选用的若干参数综合成一个概括的指数(参数权重评分叠加型指数或参数相对质量叠加型指数)来评价水质。地表水水温的评价可结合长期监测数据进行分析及预测,通过与现状对比的方法进行。

3.5.3.4　生态环境影响评价

生态环境影响评价要坚持以下三项原则:①点面结合,既要突出地热资源开发利用项目所涉及的重点区域、关键时段和主导生态因子,又要从整体上兼顾整个项目所涉及的生态系统和生态因子在不同时间与空间上结构及功能的完整性;②防复结合,预防优先,恢复为辅,恢复和补偿措施需与项目所在地的生态功能规划的要求相适应;③量性结合,生态影响评价应尽量采用定量方法进行描述和分析,当现有科学方法不能满足定量需要或因其他原因无法实现定量测定时,可通过定性或类比的方法进行描述和分析。

生态环境影响评价从生态系统、敏感生态保护目标和生态问题三个方面进行分析(见图 3-30)。生态系统方面需评价的指标有影响范围、影响强度及持续时间;敏感生态保护目标,如珍稀动植物和重要历史文化遗产等,需从影响的途径、方式和强度三个方面进行评价;生态问题,如水体富营养化和生物多样性遭到破坏等,需从类型、成因和空间分布等方面进行评价。

生态现状调查是生态现状评价和生态环境影响预测的基础,调查的内容能反映生态环境影响评价工作范围内的生态背景特点和现存的主要生态问题。存在敏感生态保护目标(包括特殊生态敏感区和重要生态敏感区)或其他特别要求保护的对象时,需进行专题调查。生态现状调查方法有资料收集法、现场勘查法、专家及公众咨询法和生态监测法等。根据评价对象的生态学特性,在调查和判定该区主要的生态功能以及完成其功能所需的生态过程的基础上,采用定量分析与定性分析相结合的方法对生态环境影响进行预测与评价(陈文图,2012)。常用的方法有列表清单法、图形叠置法、生态机制分析法、景观生态学法、指数法与综合指数法、类比分析法、系统分析法和生物多样性评价等。

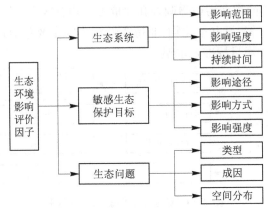

图 3-30　生态环境影响评价因子

3.6　地热开发井网部署研究

井网的部署对于地热开发效果有至关重要的影响,有效合理的井网分布可以最大程度地使地热资源利用效率最大化,减小开发成本,提高开发效益。

3.6.1　孔隙热储井网部署

该热储层在研究区分布广泛,也为河南省地热目前最广泛的开采层。以开发利用程度较高的兰考县为例进行井网部署研究。

根据《河南省兰考县城规划区及其周边地热资源调查报告》(河南省地矿局环境二院,2019)和《开封凹陷地热田兰考县地热供暖专规地热资源评价与热藏工程方案》(新星新能源研究院,2018),兰考县热储层可分为新近系孔隙热储层及古近系孔隙裂隙热储层两种类型(见图 3-31)。目前,兰考县主要开发利用新近系馆陶组中下部孔隙型地热水进

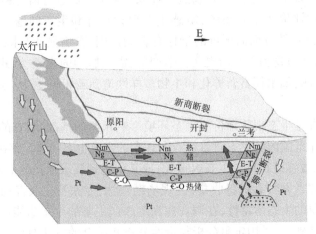

图 3-31　开封凹陷地热成因模式图

行规模化供暖,该热储底板埋深约 2 000 m,岩性粗、砂体厚度大,纵向上可划分为 3~5 个
砂层组,以辫状河沉积为主,底部为典型的河道相沉积。砂岩密度 1.70~1.96 g/cm³,孔隙
度 15%~35%,平均 22%(见图 3-32),渗透率 1 μm²。平均温度在 70 ℃以上,平均地温梯
度 3.5 ℃/100 m,恒温带温度 16 ℃,恒温带深度 20 m。

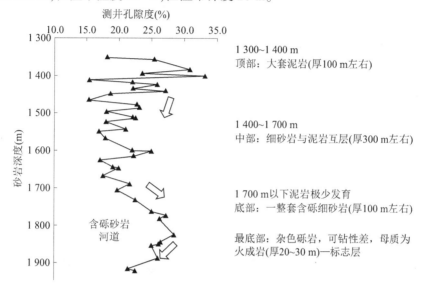

图 3-32 兰考新近系馆陶组热储地层岩性及孔隙度分布图

　　应用三维可视化建模软件(Petrel),充分利用地质、钻井、测井等资料,采用 100×100×
2 网格,选择序贯指示随机模拟完成了地层岩性、属性等地质模型的建立(见图 3-33~
图 3-35)。

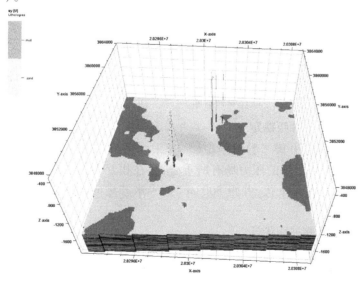

图 3-33 兰考新近系馆陶组热储岩性模型

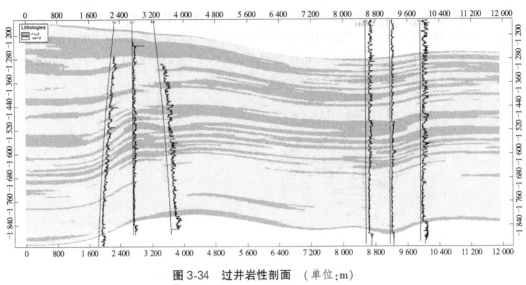

图 3-34　过井岩性剖面　（单位：m）

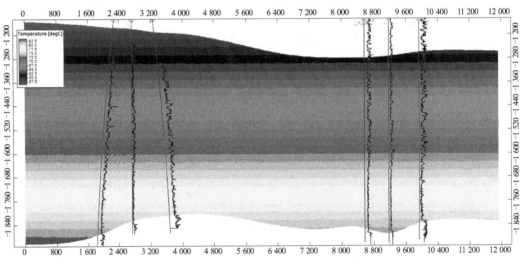

图 3-35　过井地温剖面　（单位：m）

3.6.1.1　压力场分析及地热井井距确定

在三维地质模型的基础上开展了数值模拟研究（采水量 114.10 m³/h），结果显示采水井井距在 300 m 时，采水井之间的压力场有所重叠，存在相互干扰的现象；井距 400 m 时，采水井之间的压力场基本无干扰；井距 500 m 时，采水井之间的压力场完全无干扰（见图 3-36）。

3.6.1.2　温度场分析及采灌井井距论证

模拟地热井涌水水温 74 ℃，单井稳定涌水量 114.10 m³/h，一个供暖周期内供暖 120 d，回灌井回灌温度 15 ℃、20 ℃、25 ℃、30 ℃下的影响半径，回灌温度越低，要求井距越大。当回灌温度为 15 ℃时，采灌井距最低要求约 400 m（见表 3-9）。

在井距 400 m，模拟兰考地热井回灌温度 20 ℃时，30 年内的温度场基本不会发生热突破（见图 3-37 和图 3-38）。

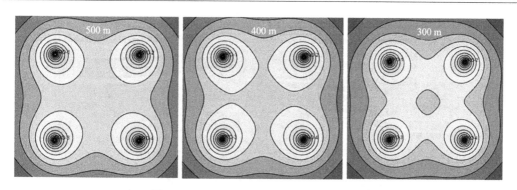

图 3-36　不同井距下的压力场影响模拟图

表 3-9　数值模拟尾水回灌温度与井距的关系

序号	尾水回灌温度（℃）	井间距（m）
1	15	397.23
2	20	390.12
3	25	383.05
4	30	369.91

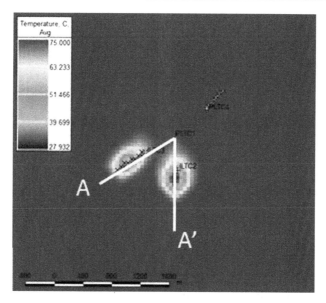

图 3-37　400 m 井距下温度模拟平面图

3.6.2　岩溶热储井网部署

本书以陕县温塘地热供暖工程为例,利用地热模拟软件 FLUENT 开展采灌井距、采灌量、回灌水温度等方面的模拟研究。

古生界寒武系岩溶层状热储厚度 547～710 m,由南向北、由东到西埋深逐渐加深,岩性为寒武系中统张夏组鲕状灰岩,岩溶裂隙发育,该层位的地热井受自然增温和地下热水

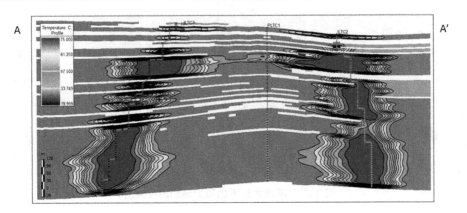

图 3-38　温度模拟剖面图

补给双重影响,温度高,水量大,易回灌,单井涌水量为 1 920 ~ 2 400 m^3/d,水温 63 ~ 78 ℃。地温梯度 4.44 ℃/100 m,地热供暖工程实施"一采一灌"的自然回灌模式。

定流量定温度采灌,井距大于 400 m 时,即可避免开发过程中的热突破(见图 3-39)。考虑实际地质及开发因素影响,实际部署井距 500 m 左右。井距为 500 m 时,在 30 年的模拟开发阶段内,当采灌量超过 110 m^3/h 时,即发生热突破(见图 3-40),因此采灌量要控制在 110 m^3/h 以下;在井距为 500 m,采灌量 110 m^3/h 的前提下,在 30 年模拟开发阶段内,回灌温度低于 20 ℃时,即发生热突破(见图 3-41),因此回灌温度要控制在 20 ℃以上。

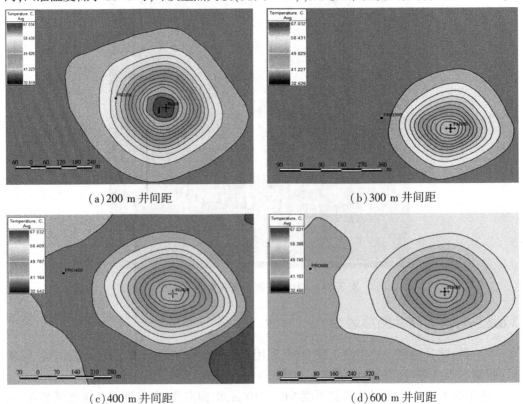

(a)200 m 井间距　　　　　　　　　　(b)300 m 井间距

(c)400 m 井间距　　　　　　　　　　(d)600 m 井间距

图 3-39　不同井间距的模拟研究

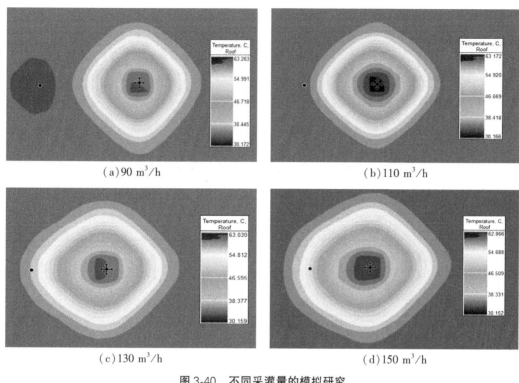

(a)90 m³/h

(b)110 m³/h

(c)130 m³/h

(d)150 m³/h

图 3-40　不同采灌量的模拟研究

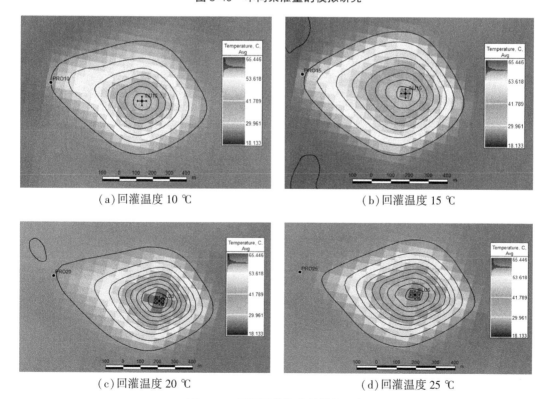

(a)回灌温度 10 ℃

(b)回灌温度 15 ℃

(c)回灌温度 20 ℃

(d)回灌温度 25 ℃

图 3-41　不同回灌温度的模拟研究

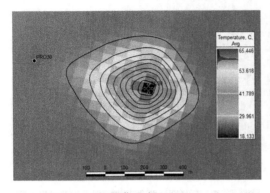 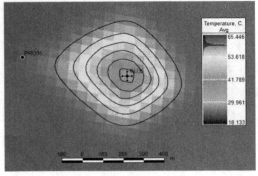

(e)回灌温度 30 ℃   (f)回灌温度 35 ℃

续图 3-41

第 4 章　地热梯级综合利用研究

地热梯级利用(geothermal step utilization)是指根据地热流体不同温度进行的地热逐级利用。有代表性的地热流体的梯级利用是自高温至低温逐级利用的。

在开展地热直接利用的同时,应积极推进梯级开发循环利用技术的研究。根据地热资源温度、水质、地域经济状况和地热需求程度,采用合理的工艺,实行梯级开发综合利用,提高资源利用率,禁止将地热资源作为一般地下水开采使用,防止资源的浪费和环境污染,使地热资源发挥最大的经济效益。根据地热资源开发利用方向,充分利用地热资源热量特点,根据河南省经济发展状况,地热资源梯级开发利用主要分为以下几种:

(1)供暖+板换利用模式。

供暖+板换利用模式主要是指充分发挥地热水温度,在一次供暖之后利用板换+热泵技术进行二次循环加热供暖,且循环利用过的地热水通过回灌井注入热储层中进行二次加热。既充分利用了地热能量,同时节约水资源,促进水资源可持续性利用。

(2)地热供热+农业利用模式。

地热供热+农业利用模式分为地热采暖+农业利用、地热洗浴+农业利用两种。

地热采暖+农业利用模式主要是指将地热水通过供暖方式利用过后,充分利用尾水余温提高大棚的温度进行蔬菜种植、花卉种植、鱼类养殖等,充分利用热能之后将尾水回灌入地下热储层中。

地热洗浴+农业利用是指利用洗浴后的地热尾水余温提高进行大棚蔬菜种植、花卉种植、鱼类养殖。与采暖不同,洗浴后的地热水水质情况尚未专门进行论证研究,尾水是否能回灌入地热储层还有待考证。

地热供热+农业利用模式改变以往传统蔬菜大棚、温室花卉种植的供热模式,废气传统燃煤取热,减少二氧化碳、二氧化硫排放,减少环境污染。

(3)地热供热+工业模式。

地热供热+工业模式主要表现为:充分利用天然矿泉水的热量资源,对其进行充分利用。分取热、生产水两步骤进行,利用提取的热能进行工业生产,如发电、木材加工、烘干面条、热处理纺织着色、发酵、提取稀有元素和矿物等,促进了企业节能减排,减少污染排放。

(4)工业+农业利用模式。

工业+农业利用模式主要表现为:利用工业尾水余温对土壤进行加温、对养殖大棚进行空气加温、对鱼类养殖进行水体加温。

(5)地热供热、医疗保健、旅游+农业利用模式。

在温泉出露地区及医疗矿泉水分布地区,利用理疗、洗浴后的尾水余温对土壤、水体、空气进行加温,进行农业种植、渔业养殖、大棚种植等。

4.1　开发利用过程中存在的问题

4.1.1　勘查研究方面

4.1.1.1　沉积盆地深部地热地质工作滞后,资源"家底"不清

20世纪80年代初期,河南省相继完成了"河南省地热资源调查研究"和"河南温泉"调查,工作侧重于隆起山区,对凹陷区研究程度较低,未对全省地热资源进行评价。30年来,河南省地热开发发生了很大变化,由以往温泉利用转为以开采盆地型地热资源为主,地热井数量猛增,开发深度不断增加,虽先后开展了全省范围及豫北、豫东平原地热调查工作和部分城市地热地质工作,但研究多以2 000 m以浅为主,地热资源的合理配置研究及深部地热地质工作仍较为滞后,特别是3 000 m以深的热源条件不甚清楚,更是缺乏对隐伏的寒武—奥陶系热储条件的研究,很难正确指导河南省地热资源的勘查和合理开发利用。此外,河南省地热监测井较少,地热动态监测网络覆盖尚不够全面且需进一步完善。

4.1.1.2　勘查研究程度参差不齐,勘查精度较低

郑州、洛阳市区已开展多次地热勘查工作,周口、安阳、新乡等地热资源开采量较大的市区,尚未开展地热普查工作,平原区下伏寒武—奥陶系地热资源的研究一直未曾开展,地热研究程度参差不齐。大多数进行地热勘查的地区,工作深度多为2 000 m以浅,一般是收集利用已有地热井孔资料汇编,而投入的物探、钻探、抽水试验等实物工作量较少,勘查精度相对较低。

4.1.1.3　地热资源公益性、基础性勘查投入不足

自20世纪80年代以来,河南省在地热资源公益性、基础性勘查方面投入较少,特别是服务于各级政府的有关地热资源的前期论证、规划、综合性开发利用、区域性地热资源勘察评价、动态监测等公益性、基础性工作投入严重不足,依靠市场不可能解决。地热资源勘探开发具有高风险性,如果政府不投入一定资金将基础性工作做好,就不能正确引导地热资源开发利用市场的形成,管理部门也不可能对其做到科学管理。

4.1.2　开发利用方面

4.1.2.1　没有明确的发展规划和目标

地热资源是十分珍贵的矿产资源,但由于对其重要性认识不足,目前还停留在"水"的概念上。其开发还未形成正确的开发原则和指导思想,未纳入国民经济发展规划,也未编制勘查开发保护规划,更未考虑产业规划。由于缺乏规划和指导,地热开发用途不尽合理,地热开发与城市建设、房地产业、公共服务业没有很好地结合,未形成产业体系,无序开采现象严重,利用率和经济效益低,造成资源的破坏和浪费。

4.1.2.2　资源利用水平低,浪费严重

一是部分天然温泉自流水没有充分利用(如鲁山中汤),白白流淌;二是由于缺乏规划和指导,地热开发用途不尽合理,开发方向不明,地热开发与城市建设和房地产业、公共

服务业没有很好地结合,利用率和经济效益低。如部分城市房地产企业往往以地热水包月使用为招牌吸引住户,促使用户利用地热水冲洗卫生间马桶、拖地等,有的甚至长流,造成地热资源的极大浪费。地热资源利用形式单一,目前主要为洗浴和生活单级利用,用于地热供暖、养殖和种植的较少。开发单位以"单井独户"为主,未形成规模开发,产业化体系仍处于较低的水平。地热水未有回收,弃水量大,弃水温度高,未在开发过程中认真贯彻"梯级开发,综合利用,保护环境"的方针,浪费严重。由于未全面实行"一井一灌"的双井开采回灌制度,废弃的高温高总溶固的地热水,一方面易造成资源浪费,另一方面易对环境产生负面影响。

4.1.2.3　开采布局不合理,过量开采现象严重,引发环境地质问题

河南省地热井点主要分布于平原区,且多集中在主要城市及市县城区,分布不均,致使部分地区井点和开采层位过于集中,超量开采,加之重开发、轻保护,造成开采层水位持续下降,出现吊泵、井点报废现象,引发资源衰减、温泉区地热显示景观衰落、地面沉降等环境地质问题。如开封市,目前在城市建成区 80 km² 范围内分布地热井近 100 眼,西开发区在不到 12 km² 的范围内分布有 35 眼热水井,井间距一般仅有 300～500 m,井点密度高达 2.92 眼/km²,是正常允许井数的 3 倍多,造成对地热资源的掠夺性开采,地热水水位年均下降 2.5 m 左右,局部地段产生地面沉降。隆起山区由于凿井扩泉开采,造成了部分温泉区地热显示景观消失或衰落,失去了原有的旅游价值,如陕县温塘、汝州温泉镇、鲁山下汤及碱厂、新安暖泉沟等温泉已全部断流,洛阳龙门温泉部分断流。

4.1.2.4　开发利用宣传力度不够,影响资源效益发挥

地热是宝贵的矿产资源,同时也是旅游资源,其开发可在一定程度上促进当地旅游业、房地产业及其他行业经济的发展。目前,国内许多地区把地热作为一种旅游资源品牌进行宣传和深层次开发,从而带动了相关产业的发展和当地经济的提升。如河北平山县结合西柏坡革命圣地在当地建造了 10 余处温泉宾馆和度假村,其周边房地产还开发了多个住宅小区。江苏东海县则结合水晶资源建造 20 余座温泉度假村,其中有日本、德国等外商投资。这两处都处于非常偏僻的地方,通过地热品牌延伸到了旅游资源而加以开发利用,取得了很好的经济效益和社会效益。河南省地热资源相对丰富,如鲁山上汤、中汤和下汤,栾川汤池寺,汝州温泉街,洛阳龙门,陕县温塘等地温泉,温度可达 60 ℃以上,保健及旅游功效显著。但河南省在综合开发利用和宣传方面远远落后于其他省市,甚至国内该方面有关文献资料和报道中很少提及河南,宣传的力度不够,直接影响了地热、矿泉水资源效益的发挥。

4.2　地热资源梯级利用温度分级

根据主要热储代表性温度可将地热资源梯级利用划分成 Ⅰ、Ⅱ、Ⅲ、Ⅳ、Ⅴ 五个利用级别。

Ⅰ 级:主要用于发电、烘干等工业利用和采暖,流体温度大于 150 ℃。

Ⅱ 级:主要用于烘干、发电等和采暖,温度在 90～150 ℃。

Ⅲ 级:主要用于采暖、理疗、洗浴和温室种植,温度在 60～90 ℃。

Ⅳ级：主要用于理疗、休闲洗浴、采暖、温室种植和养殖,温度在 40~60 ℃。

Ⅴ级：主要用于洗浴、温室种植、养殖、农灌和采用热泵技术的制冷供热,温度在 25~40 ℃。

在开发利用时,应从Ⅰ级至Ⅴ级逐级进行考虑;对于理疗、矿泉饮用、农灌和养殖等用途,应考虑地热流体质量;上一级利用的出口温度即为下一级利用的入口温度。

河南省地热资源主要为中、低温地热资源,已开采的中温地热资源仅有洛阳龙门和济源五龙口两处,主要用于采暖、理疗、洗浴和温室种植和养殖。不同热储温度分布见表 4-1。

表 4-1 热储温度分布

热储	分布范围(℃)			
	25≤t<40	40≤t<60	60≤t<90	90≤t<150
新近系明化镇组	内黄凸起的大部、东明断陷、菏泽凸起、通许凸起	济源—开封凹陷的郑州以东地区	—	—
新近系馆陶组	汤阴断陷、菏泽凸起内的民权县北部、灵三断陷	内黄凸起、东明断陷、菏泽凸起内的范县—台前一带、通许凸起	济源—开封凹陷的郑州以东地区	—
古近系		内黄凸起、通许凸起、灵三断陷、洛阳凹陷	内黄凸起的东部、东明断陷北部的文留镇—渠村,南端的爪营—许河、济源—开封凹陷西段的济源—武陟一带	东明断陷南段的黄陵镇一带、济源—开封凹陷的郑州以东地区
古生界		内黄凸起、济源—开封凹陷的郑州市西部一带	菏泽凸起的范县—台前一带	内黄凸起的东部、东明断陷南段的爪营—许河一带
带状热储		华熊台缘凹陷地热亚区的卢氏汤河、陕县大营,嵩箕台隆地热亚区的郑煤集团振兴二矿、秦岭褶皱系地热亚区的商城汤泉池、南召莲花温泉	山西台隆地热亚区的济源市五龙口、华熊台缘凹陷地热亚区的栾川潭头汤池寺	济源市五龙口

4.2.1 地热供暖

将地热能直接用于采暖、供热和供热水是仅次于地热发电的地热利用方式。因为这种利用方式简单、经济性好,备受各国重视,特别是位于高寒地区的西方国家,其中冰岛开发利用得最好。该国早在 1928 年就在首都雷克雅未克建成了世界上第一个地热供热系统,现今这一供热系统已发展得非常完善,每小时可从地下抽取 7 740 t 80 ℃的热水,供全市 11 万居民使用。由于没有高耸的烟囱,冰岛首都已被誉为"世界上最清洁无烟的城市"。此外,利用地热给工厂供热,如用作干燥谷物和食品的热源,用作硅藻土生产、木材、造纸、制革、纺织、酿酒、制糖等生产过程的热源,也是大有前途的。目前,世界上最大两家地热应用工厂就是冰岛的硅藻土厂和新西兰的纸浆加工厂。我国利用地热供暖和供热水发展也非常迅速,在京津地区已成为地热利用中最普遍的方式。

4.2.2　地热务农

地热在农业中的应用范围十分广阔。如利用温度适宜的地热水灌溉农田,可使农作物早熟增产;利用地热水养鱼,在 28 ℃水温下可加速鱼的育肥,提高鱼的出产率;利用地热建造温室,育秧、种菜和养花;利用地热给沼气池加温,提高沼气的产量等。将地热能直接用于农业在我国日益广泛,北京、天津、西藏和云南等地都建有面积大小不等的地热温室。各地还利用地热大力发展养殖业,如培养菌种、养殖非洲鲫鱼、鳗鱼、罗非鱼、罗氏沼虾等。

4.2.3　地热理疗

地热在医疗领域的应用有诱人的前景,目前热矿水就被视为一种宝贵的资源,世界各国都很珍惜。由于地热水从很深的地下提取到地面,除温度较高外,常含有一些特殊的化学元素,从而使它具有一定的医疗效果。如含碳酸的矿泉水供饮用,可调节胃酸、平衡人体酸碱度;含铁矿泉水饮用后,可治疗缺铁贫血症;氢泉、硫化氢泉洗浴可治疗神经衰弱和关节炎、皮肤病等。温泉的医疗作用及伴随温泉出现的特殊的地质、地貌条件,使温泉常常成为旅游胜地,吸引大批疗养者和旅游者。在日本就有 1 500 多个温泉疗养院,每年吸引 1 亿人来疗养院休养。我国利用地热治疗疾病的历史悠久,含有各种矿物元素的温泉众多,因此充分发挥地热的医疗作用,发展温泉疗养行业是大有可为的。

未来随着与地热利用相关的高新技术的发展,将使人们能更精确地查明更多的地热资源;钻更深的钻井将地热从地层深处取出,因此地热利用也必将进入一个飞速发展的阶段。

4.3　地热综合高效利用方式研究

4.3.1　中深层地热可利用量分析

河南省沿黄城市可采地热资源主要分布于沉积盆地,隆起山地成带(点)状分布。各市可采地热资源见表 4-2。

表 4-2　各市可采地热资源汇总表

行政区	热储		沉积盆地			隆起山地			合计		
			热水量(×10⁴ m³/年)	热能量(×10⁸ kJ/年)	折合标煤(×10⁴ t/年)	热水量(×10⁴ m³/年)	热能量(×10⁸ kJ/年)	折合标煤(×10⁴ t/年)	热水量(×10⁴ m³/年)	热能量(×10⁸ kJ/年)	折合标煤(×10⁴ t/年)
三门峡	新生界	N	1 185.09	9 233.31	3.15	0	0	0	1 185.09	9 233.31	3.15
		E	693.13	11 280.62	3.85	0	0	0	693.13	11 280.62	3.85
		小计	1 878.22	20 513.93	7.00	0	0	0	1 878.22	20 513.93	7.00
	前新生界		0	0	0	12.47	195.02	0.07	12.47	195.02	0.07
	合计		1 878.22	20 513.93	7.00	12.47	195.02	0.07	1 890.69	20 708.95	7.07
洛阳	新生界	N	0	0	0	0	0	0	0	0	0
		E	933.91	11 871.53	4.05	0	0	0	933.91	11 871.53	4.05
		小计	933.91	11 871.53	4.05	0	0	0	933.91	11 871.53	4.05
	前新生界		0	0	0	175.07	4 065.14	1.39	175.07	4 065.14	1.39
	合计		933.91	11 871.53	4.05	175.07	4 065.14	1.39	1 108.98	15 936.67	5.44
济源	新生界	N	0	0	0	0	0	0	0	0	0
		E	240.15	5 772.09	1.97	0	0	0	240.15	5 772.09	1.97
		小计	240.15	5 772.09	1.97	0	0	0	240.15	5 772.09	1.97
	前新生界		0	0	0	30.00	542.44	0.19	30.00	542.44	0.19
	合计		240.15	5 772.09	1.97	30.00	542.44	0.19	270.15	6 314.53	2.16

续表 4-2

行政区	热储		沉积盆地 热水量（×10⁴ m³/年）	沉积盆地 热能量（×10⁸ kJ/年）	沉积盆地 折合标煤（×10⁴ t/年）	隆起山地 热水量（×10⁴ m³/年）	隆起山地 热能量（×10⁸ kJ/年）	隆起山地 折合标煤（×10⁴ t/年）	合计 热水量（×10⁴ m³/年）	合计 热能量（×10⁸ kJ/年）	合计 折合标煤（×10⁴ t/年）
焦作	新生界	N	41.40	658.37	0.22	0	0	0	41.40	658.37	0.22
		E	2 972.70	71 597.54	24.43	0	0	0	2 972.70	71 597.54	24.43
		小计	3 014.10	72 255.91	24.65	0	0	0	3 014.10	72 255.91	24.65
	前新生界		0	0	0	0	0	0	0	0	0
	合计		3 014.10	72 255.91	24.65	0	0	0	3 014.10	72 255.91	24.65
新乡	新生界	N	3 388.02	38 629.71	13.18	0	0	0	3 388.02	38 629.71	13.18
		E	4 103.72	132 466.54	45.20	0	0	0	4 103.72	132 466.54	45.20
		小计	7 491.74	171 096.25	58.38	0	0	0	7 491.74	171 096.25	58.38
	前新生界		2 062.41	65 441.53	22.33	0	0	0	2 062.41	65 441.53	22.33
	合计		9 554.15	236 537.78	80.71	0	0	0	9 554.15	236 537.78	80.71
郑州	新生界	N	785.49	12 105.96	4.13	0	0	0	785.49	12 105.96	4.13
		E	482.30	17 200.49	5.87	0	0	0	482.30	17 200.49	5.87
		小计	1 267.79	29 306.45	10.00	0	0	0	1 267.79	29 306.45	10.00
	前新生界		1 690.99	44 722.89	15.26	21.90	281.00	0.10	1 712.89	45 003.89	15.36
	合计		2 958.78	74 029.34	25.26	21.90	281.00	0.10	2 980.68	74 310.34	25.36

续表4-2

行政区	热储		沉积盆地			隆起山地			合计		
			热水量（×10⁴ m³/年）	热能量（×10⁸ kJ/年）	折合标煤（×10⁴ t/年）	热水量（×10⁴ m³/年）	热能量（×10⁸ kJ/年）	折合标煤（×10⁴ t/年）	热水量（×10⁴ m³/年）	热能量（×10⁸ kJ/年）	折合标煤（×10⁴ t/年）
开封	新生界	N	3 153.33	30 045.94	10.25	0	0	0	3 153.33	30 045.94	10.25
		E	792.85	25 187.51	8.59	0	0	0	792.85	25 187.51	8.59
		小计	3 946.18	55 233.45	18.85	0	0	0	3 946.18	55 233.45	18.85
	前新生界		6 034.43	186 743.43	63.72	0	0	0	6 034.43	186 743.43	63.72
	合计		9 980.61	241 976.88	82.57	0	0	0	9 980.61	241 976.88	82.57
濮阳	新生界	N	4 815.28	46 266.25	15.79	0	0	0	4 815.28	46 266.25	15.79
		E	2 726.90	73 704.74	25.15	0	0	0	2 726.90	73 704.74	25.15
		小计	7 542.18	119 970.99	40.94	0	0	0	7 542.18	119 970.99	40.94
	前新生界		2 577.81	62 104.79	21.19	0	0	0	2 577.81	62 104.79	21.19
	合计		10 119.99	182 075.78	62.13	0	0	0	10 119.99	182 075.78	62.13
小计	新生界	N	13 368.61	136 939.54	46.72	0	0	0	13 368.61	136 939.54	46.72
		E	12 945.66	349 081.06	119.11	0	0	0	12 945.66	349 081.06	119.11
		小计	26 314.27	486 020.60	165.84	0	0	0	26 314.27	486 020.60	165.84
	前新生界		12 365.64	359 012.64	122.50	239.44	5 083.60	1.75	12 605.08	364 096.24	124.25
	合计		38 679.91	845 033.24	288.34	239.44	5 083.60	1.75	38 919.35	850 116.84	290.09

4.3.2　中深层地热能需求预测分析

4.3.2.1　用热盈亏分析

　　根据全省各地市最新的热力专项规划、供汽供热专项规划、城市热电联产规划等有关供热规划,统计估算各地市地热资源利用现状,以及 2025 年、2030 年和 2035 年热源供热能力;通过各地市统计年鉴和城市总体规划测算 2025 年、2030 年和 2035 年人口数,在此基础上估算各地市建成区地热需求潜力;根据各地市区热负荷、已明确可利用热源分布及供热能力,预测沿黄城市市区用热盈亏(见表 4-3)。

表 4-3　河南省各地市市区用热盈亏平衡预测

序号	地区	年份	建筑面积 (万 m²)	需采暖建筑面积 (万 m²)	采暖热负荷 (MW)	热源供热能力 (MW)	盈亏平衡 (MW)
1	三门峡	2025	4 083	3 471	1 562	1 047	−515
		2030	4 656	3 958	1 722	1 715	−6.7
		2035	4 892	4 158	1 746	1 715	−32
2	洛阳	2025	19 545	13 156	5 775	7 462	602
		2030	21 091	14 702	6 305	8 572	1 002
		2035	22 637	16 248	6 835	9 918	1 638
3	济源	2025	2 734	2 325	883	972	89
		2030	2 984	2 536	926	972	46
		2035	3 193	2 714	950	972	22
4	焦作	2025	5 868	4 988	2 245	2 299	54
		2030	6 403	5 443	2 368	2 299	−69
		2035	6 851	5 824	2 446	2 299	−55
5	新乡	2025	5 988	5 093	2 291	2 025	−266
		2030	7 032	5 969	2 583	2 304	−279
		2035	8 076	6 846	2 875	2 642	−233
6	郑州	2025	43 470	36 949	12 314	13 752	1 438
		2030	46 969	39 924	151 274	16 163	1 036
		2035	48 983	41 635	17 903	17 305	−598
7	开封	2025	7 942	6 751	3 038	2 549	−489
		2030	8 640	7 344	3 195	2 799	−396
		2035	9 127	7 758	3 258	2 897	−361
8	濮阳	2025	4 041	3 435	1 546	1 540	−6
		2030	4 367	3 712	1 615	1 540	−75
		2035	4 554	3 871	1 626	1 540	−86

注:2030 年采暖用热需求通过插值法计算,"−"为热源供应不足,需其他热源补充。

4.3.2.2　中深层地热供需平衡分析

由表4-3可知,三门峡、焦作、新乡、郑州、开封和濮阳地区常规能源无法满足城市供热需求,地热作为一种无污染、可再生的清洁能源,与煤炭、石油和天然气等传统的化石能源相比,具备数量巨大、可再生、低碳、环保、就地取用等优势。同时,地热资源的开发也符合国家的节能减排政策。沿黄城市拥有丰富的地热资源,在地热利用方面具有天然的优势,在技术允许的条件下,合理地选择地热供热方式,不仅有利于能源的可持续性利用、环境的保护,同时还可以提高企业的经济效益,降低供热成本。

另外,河南省许多地区有较丰富的90 ℃以下的低温地热资源,用于供热是用得其所,只要利用得当即可持续发展,仍能保护生态环境的完整性。近年来,我省低温地热供热已积累了许多适用经验,开发低温地热起决定作用的是市场,按照价格规律,着力培育市场,地热供热可形成独立的产业,先供给城镇居民采暖、生活热水,根据可能再相继发展烘干、温室、养殖等综合利用产业,使其成为乡镇地区的带头产业。实践经验证明,地热开发利用可以获得高的经济效益、社会效益和环境效益;供热产业市场前景好,因供热是生活必需的;技术不太复杂,比较简便易学;在供热的基础上,还可以开发多项产业部门复合的综合利用技术;有推广价值;结合我国当前乡镇经济蓬勃发展形势,地热区域供热具有时间超前性与长效性;国内可提供软硬件配套的全部技术设备。各地可根据当地经济发展水平,分析近期市场需求变化情况,结合地热资源条件,抓住时机兴建地热供热产业,获取经济效益和社会效益。

地热供热常见的供热形式有三种:纯地热水换热供热、地热水换热+压缩式热泵供热、地热水换热+吸收式热泵供热。

1.纯地热水换热供热

从开采井出来的70 ℃的高温水,经过汽水分离器和旋流除砂器的处理后,进入换热器与二级网热水换热。换热后温度降至38 ℃,经过回注泵加压后注入回注井中。二级网热水(采暖热水)经过换热后,温度由35 ℃升高至45 ℃,为热用户供热。

此种供热方式的换热量与开采井出水量、出水温度和二级网供回水温度密切相关。参考兰考地区在用的地热井参数,假设新建开采井出水量为66 m³/h,出水温度取70 ℃,排水温度取38 ℃。经计算,单井换热供热量为2.46 MW,单个新建小区若热负荷需求在2.46 MW的情况下,采用纯地热水直接换热的方式就可以满足供热需求。

2.地热水换热+压缩式热泵供热

当开采井供热能力大于供热单元的热负荷需求时,地热水经过换热器与二级网热水直接换热,从换热器出来的地热水被直接注入回注井中;当开采井供热能力小于供热单元的热负荷需求时,地热水首先经过换热器与二级网热水直接换热,换热后的地热水温度降低至38 ℃,然后经过压缩式热泵,将热量传递给二级网热水,地热水最终降至18 ℃左右回注至地层。通过板换换新换热的二级网热水和经过热泵换热的二级网热水汇集在一起,进入热用户为热用户供暖。压缩式热泵的性能系数较高,一般为4~6。

3.地热水换热+吸收式热泵供热

此种供热形式与地热水换热+压缩式热泵供热形式相似,不同之处在于,这里采用的是第一类吸收式热泵进行供热能力的补充。第一类吸收式热泵的性能系数大于1,一般为 1.5~2,并需要采用集中供热的一级网热水作为吸收式热泵的驱动热源。

地热供热适用范围:平均地温梯度大于 2.5 ℃/100 m,允许钻地热井的地区;需要和可能培育起集中供应生活热水市场的城镇住宅、工业区;可能投资兴建生产过程需要大量40~90 ℃热水企业的地区,如农产品低温烘干、蔬菜花卉温室、工业生产过程用热水漂洗等;冬季需要供暖的地区。

在供暖季抽出地热水经热水表、除砂器到换热器,加热供暖用的循环水;地热放热后进入曝气罐,用热风强制通风经曝气、加压过滤除铁后,送入储水箱;地热水再经加压泵向用户供生活热水。供暖系统循环水经换热器被加热,然后供至采暖用户的散热器或风机盘管,向室内供暖。如果设有供暖调峰,在严冬时部分水流经锅炉再加热后供出。在非供暖季,地热水直接进入曝气罐,经过滤除铁后送入储水罐向外供水。在非供暖地区,取消换热器,只设井口装置和水处理设施。井口装置、水处理和供暖系统可防地热水腐蚀;除铁过滤后供生活用地热水不污染卫生洁具;变频调速设备能按需调节抽取地热水,系统可节水节电。

在当地具有普通的地热资源条件下,开发低温地热起决定作用的是市场,第一步先要弄清市场有多大,市场在哪里,如何才能占领市场。供暖和供生活热水的消费需求与住户的需求紧密相连,河南省供热消费发展总的来看已进入初步发展期,人们对公共产品供热需求正急骤增加,这种需求有较可靠的培育性和可测性,是否有集中供暖在河南省已是住房销售的重要条件。集中供应生活热水和集中供暖的市场需求有较大差别。居民都需要供应热水,是全年需要,但人们的热水消费量与经济收入水平关系密切,不仅是宾馆,有的住宅也希望全年有热水供应,这就要结合当地经济收入发展水平,分析近期增长变化速度,河南省的需求正处于急速转变期。

供暖与供热水是没有排它性的公共产品需求,要满足群众迅速增长的需求,只有走产业化道路,借助各方集资。有的地方政府允许有能力对外供热的单位收取一次性热源集资费。供每平方米建筑采暖可收费额,较低的是 50 元/m² 左右,用以筹建热源,这比自建锅炉房投资要节约一半左右。可以用此项集资筹建地热供热站,然后逐步发展滚动开发。已有锅炉房供热的区域开发地热,可把原有锅炉房做调峰和备用热源,锅炉房仍然有用。天津和西安地区大约有一半的地热井是在原已有锅炉房集中供热的区域发展起来的,地热利用向深度和广度开发寻求效益的机会是众多的。情况大多是一口地热井建成后,先用一部分热供暖、供生活热水;随着地热供暖需求扩大,逐步发展把地热用足;然后增加调峰锅炉房,再扩大供暖面积;下一步是开展全年综合利用项目,提高地热利用率;再进一步可以是利用水源式热泵,从地热排放水中提取热量,继续扩大供热效益。

但是在开发地热的过程中,要规避一定的风险,如市场风险、钻井投资风险和地质环境风险。

市场风险:由于热水和供暖是生活需要,是公用产品,市场一经建立就是稳定的,近期几乎没有因竞争而丢失市场的风险。

钻井投资风险:取决于对地下水文资料的掌握和钻井技术,有可能出现完井后出水量和水温偏离设计预想的情况。投资方可以要求开发地热地质、钻井设计单位承担风险,或者由钻井公司承担风险。在我国,由钻井公司与投资方共同承担更为实际可行,具体条款可在签订钻井合同时确定。

地质环境风险:根据天津地质专家的观测,超量开采引起的地面沉降,主要是由黏性土层压密造成的。据分层标观测资料,黏性土层压密造成的沉降约占 77.6%,砂层占 22.4%。在沉积层开采浅层的地热水会引起较大的地面沉降,应慎重观察和逐步采取回灌措施;开采较深的基岩层地热水,通常对地面沉降影响甚微。此外,为满足室内供暖需求,在严冬时地热供暖后的排放水温最高、水量最大,可以靠综合利用,如供生活用热水、水源式热泵、越冬水产养殖等,必要时可用人工喷泉结合设计冬季景观实现降温,可以避免排水对环境的热污染。在非供暖季地热水根据用水需要量出水,依靠井口变频调速器控制,没有多余水量不会有热污染。

4.3.3　地热综合高效梯级利用方式研究

地热梯级利用是指根据地热流体不同温度进行的地热逐级利用。有代表性的地热流体的梯级利用是自高温至低温逐级利用。在地热采暖系统中,受常规的管网供热工艺和技术水平的限制,地热水经过一级换热后的温度仍然很高,一般不低于 40 ℃,若直接排放,不仅造成能源的严重浪费,还给环境带来了热污染。为了解决地热尾水温度过高、资源利用率低与环境热污染的问题,在地热采暖过程中采用地热梯级利用技术。即高温地热流体先经过直接换热,再通过水源热泵等先进节能环保技术,提取地热流体中的热量,将低品位的地热能转换成高品位的热能,经过多级利用后的地热水温度降到 20 ℃左右回灌地下,通过这样的抽回灌,大大地提高了地热资源的利用效率。地热梯级利用技术能在满足供暖需求的基础上提升地热能源利用效率。其在地热资源开发利用领域有着广阔的应用前景和巨大的节能潜力。

地热水梯级开发利用方式主要有两种类型:一是,根据不同项目对水温的要求不同,对地热流体依次逐级利用;二是,多级次从地热流体中提取热量,如供暖中的地热梯级利用,使用热泵技术提取地热尾水热能进一步使用,从而达到降低尾水温度的目的。

通过沿黄城市地热赋存条件研究可知,河南省沿黄城市地热资源储量丰富,可利用地热资源量较多。但是目前深层地热资源的利用模式较为单一,大部分是直接利用,主要用于洗浴、供暖,其次极少量用于养殖、种植及矿泉水。热能利用率相对偏低,对地热能的梯级开发利用正处于起步阶段,实际工程案例较少,因存在投资较大与管理制度不健全,导致尾水排放温度较高、地热资源利用率低等问题,所以本次主要根据河南省沿黄城市主要热储层特征进行地热能资源的梯级利用开发方式分析。

河南省沿黄城市具有层状分布的热储主要有新近系孔隙热储层、古近系裂隙孔隙热储层及古生界寒武—奥陶系岩溶裂隙热储层,其中新近系孔隙热储层划分为明化镇组和馆陶组热储层。

4.3.3.1　新近系孔隙热储层

1.新近系明化镇组热储层

该热储层在河南省广泛分布在黄河下游,也为河南省地热目前最广泛的开采层。热储层顶板埋深一般为 350～400 m,热储层底板埋深为 800～1 500 m,水温一般为 25～40 ℃,为温水。

在城郊或农村,因农业的发展直接关系到人们的生活水平,宜采用养殖或温室—洗浴方式,将地热先用于水产养殖或农业温室两方面,在养殖池内铺设蛇形管或盘管热交换器,地热水将池水加热;或者地热水散热设备将热量补充到温室中;最后尾水再利用于温泉洗浴。

2.新近系馆陶组热储层

新近系馆陶组热储层为河南省地热流体主要热储层,分布范围较明化镇组小,热储层顶板埋藏深度 800 ~ 1 500 m,底板埋深 900 ~ 2 500 m。热储层地热流体水温 22 ~ 55 ℃。这些地区地热资源梯级利用采用供暖—洗浴方式。在城郊或农村地热资源梯级利用宜采用养殖或温室—洗浴方式。

4.3.3.2　古近系裂隙孔隙热储层

古近系裂隙孔隙热储层主要分布在凹陷区深凹陷部位及山间盆地,其次为凹陷区凹陷与凸起交接部位局部,热储层分布面积较新近系热储层小,顶板埋深为 500 ~ 2 400 m,底板埋深一般为 1 000 ~ 7 000 m。热储层地热流体水温为 37 ~ 60.2 ℃,为温水、温热水。宜温泉洗浴—养殖开发方式。

4.3.3.3　古生界寒武—奥陶系岩溶裂隙热储层

古生界溶蚀裂隙热储层主要为寒武—奥陶系裂隙岩溶热储层,主要分布于华北凹陷盆地,除内黄凸起的核部及凹陷边缘缺失外,大部分地区均有分布。根据钻孔及物理勘探资料,凸起区热储层顶板埋深一般小于 2 000 m,适宜开采;凹(断)陷区埋深多大于4 000 m,开采不经济。热储层地热流体水温 47 ~ 98.5 ℃,为温热水、热水。

目前,河南省对古生界寒武—奥陶系岩溶裂隙热储层利用程度较低。河南省地热专家张德祯提出:寒武—奥陶系岩溶裂隙热储层是河南省地能井群规模性开发的主要热储层。鹤壁市鹤热 2# 井深 3 276 m,取用 2 782 m 以下奥陶系灰岩热储地热水,井口水温74 ℃;鹤热 3# 井深 3 318.68 m,取用 2 220 m 以下寒武—奥陶系灰岩热储层地热水,井口水温 58 ℃。鹤热 2# 地热流体可命名为硅水,氟含量达医疗价值浓度,锂、偏硼酸含量达到矿水浓度,二氧化碳含量接近医疗价值浓度值;鹤热 3# 地热流体可命名为氟水、硅水;永城光明宾馆奥陶—寒武系地热流体为氟水。荥阳万山地质文化产业园 1# 地热井成井深度为 1 808 m,水温 38 ℃。开采层深度为 950 ~ 1 808 m 的奥陶系、寒武系灰岩热储地热水。氟达到了医疗价值浓度。因此,对于温度较高的古生界寒武—奥陶系岩溶裂隙热储层梯级利用方式宜采用供暖—养殖(种植)—温室—洗浴的多级利用方式,其中供热系统分为三个,分别为散热器供暖系统、酒店空调供暖系统、地板辐射供暖系统。

4.3.4　河南省地热能清洁供暖规模化利用成果介绍

4.3.4.1　河南省郑州市"地热+"清洁供暖项目

1.项目简介

项目所在地为河南省郑州市经济技术开发区、惠济区、中牟县。在郑州市政府的大力支持下,万江集团在不需要大范围铺设城市管网、不需要开挖城市道路、不需要新增建设用地的前提下,采用地热能为主、空气能为辅的供热技术路线和标准化、模块化、分布式建设方式,通过提前部署、科学规划、精细管理、有序调度,5 个月完成郑州市 538 万 m² 建筑清洁供暖工程。其中,中牟绿博 3 号安置社区项目仅用了 2 个半月时间,实现 101 万 m² 建筑面积顺利供暖,创造了清洁供暖"郑州速度",用户满意率达 100%。截至 2019 年采暖季,郑州"地热+"清洁供暖项目已完成 538 万 m² 清洁取暖供热面积,解决 5.38 万户居民冬季清洁取暖需求,惠及人口约 16.14 万人。

2.技术路线

项目采用地热能+空气源热泵供热模式在智联云控平台基础上运行,一般天气条件下,直接利用提取地热水热量实现供热;极端寒冷天气条件下,通过空气源热泵辅助提升,保障供热效果。系统采用先进的智慧化控制平台,能够实现变工况自适应调节供水温度,具备实时监控、智能分析、节能控制、综合管理等功能,实现系统在最佳运行工况进行管理运营,达到简化运行调节、提高供热服务质量、降低能源消耗的目的和效果。

项目运行过程中,不产生废气废渣,没有二氧化碳、二氧化硫等污染气体排放,不产生可吸入颗粒物(PM10)和细颗粒物(PM2.5),对防治大气污染、治理雾霾起到积极的促进作用。

项目建设由当地政府许可,企业自主经营,企业作为投资进行项目建设,发挥资金、技术、运营、管理优势,明确投资建设进度,实行项目统一运营管理服务,为用户提供供热服务。项目完成建设后,通过市场化运营,与开发商及小区业主达成协议在每年冬季供暖季向小区业主统一收缴供暖费用。项目资金来源由企业自筹,该项目主要收入为财政专项补助和采暖费收入。

3.推广建议

郑州市"地热+"清洁供暖项目采用地热能、空气能等清洁能源,相对而言投资较低、配电功率小、安全性高,多个项目可同期实施,当年建设即可供暖,迅速形成供热能力,无需大范围铺设城市管网,不开挖城市道路,占地面积小、无须新增土地,可快速复制。

系统配置无论是从热源、一级管网、二级管网、站房设备都可随项目建设进度整体配套跟进,保证热源建设的准确性,避免资源利用的不均等性,具有适应性强、热源稳定、清洁环保、经济安全、建设灵活等优越特性,适宜大范围推广应用。

4.3.4.2 黄河沿线(濮阳、兰考)地热供暖项目

1.项目简介

新星公司积极服务国家黄河战略,依托丰富的地热资源大力发展河南开封、濮阳等重点黄河沿线城市清洁供暖项目,用实际行动践行黄河流域生态环境保护。新星公司于 2013 年开始采用"取热不取水,尾水同层回灌"的技术开展河南省地热供暖项目,截至 2020 年底已在河南省濮阳、清丰、南乐、范县、兰考等区域建设多个地热供暖项目,累计供暖面积 500 多万 m²。其中,河南省清丰、南乐、范县以开发奥陶系灰岩为主,实现供暖面积近 400 万 m²;河南省兰考县以新近系砂岩热储开发为主,实现地热供暖面积 120 多万 m²。

2.技术路线

采用"取热不取水"的地热利用形式,实现了地热资源的清洁循环利用。"十三五"期间,通过地热供暖有效助力了濮阳、开封等"2+26"城市的蓝天保卫计划,每年节约标煤 5.76 万 t,减排二氧化碳 15 万 t、二氧化硫 370 t、氮氧化物 439 t、烟尘 83 t,减碳治霾效果显

著。地热供暖就近利用、经济性和稳定性的特点有效解决了城市热源不足、燃气缺口等问题,有效保障了人民温暖过冬。

在濮阳、兰考等地的地热开发进程中形成了岩溶热储非均质性评价、热储工程数值模拟研究、岩溶热储高效钻完井、砂岩热储尾水回灌等系列技术,并以这些技术为依托出台了有关钻井、热储开发、砂岩回灌的行业相关规范,引领了国内地热产业的规范发展。国家能源局、德国驻华代表处等多位领导及学者多次赴河南省濮阳、兰考等地考察地热供暖项目,打造了河南省的地热名片,提升了城市影响力。

依托范县丰富的地热资源条件,新星公司利用中原油田资料精细研究,优化地热井部署,取得了范县地热勘探突破。围绕范县县城东部 30 万 m^2 黄河滩区迁项目配套地热供暖,用地热供暖践行黄河高质量发展。

3.推广建议

"十四五"期间,新星公司将进一步加大地热供暖项目建设力度,规划全省新增地热供暖面积 1 500 万 m^2。一是加大濮阳区域地热开发力度,力争实现地热供暖面积 1 000 万 m^2。在濮阳市城区供暖覆盖不到的区域,将地热供暖作为重要补充方式,推动地热供暖与热电联产的相互补充;在清丰、南乐、范县等县城及中心镇,黄河滩区迁建集中安置点,具备地热供暖条件的,大力推广地热供暖,保障民生。二是扩大兰考等区域砂岩热储地热供暖面积,实现地热供暖面积 500 万 m^2,打造砂岩地热供暖示范区。三是积极拓展沿黄的原阳、封丘、中牟等区域地热供暖,新增地热供暖面积 300 万 m^2 以上,打造黄河沿线地热供暖连片。

4.4　地热综合开发利用平台架构

4.4.1　智慧系统的整体构想

智慧系统的最本质特点是智平台具备认知和学习的能力,具备生成知识和更好地运用知识的能力。解决复杂系统的参数识别、工况分析、优化决策等关键问题,将人的相关运行经验和知识转移到智能决策系统中,形成自学习、自感知、自适应、自控制的智能系统。

智慧系统主要实现了方案设计、专家咨询、项目预测、动态监测、决策建议五大智能化功能。根据功能的特点通过不同的途径来实现(见图 4-1)。

4.4.2　智慧系统的开发思路

以地热资源分布数据、典型案例项目数据为基础,预测地热能开发利用项目的实施效果以及经济效益、社会效益、环境效益,为政府提供相应的资金、技术、人才、政策等提供决策参考。智慧系统利用领域专家的经验知识进行推理预测。将项目预测模型与专家系统相结合,研制混合决策系统,可充分发挥模拟模型的预测功能和专家系统的决策作用,使地热综合开发利用管理精准化、定量化和科学化。

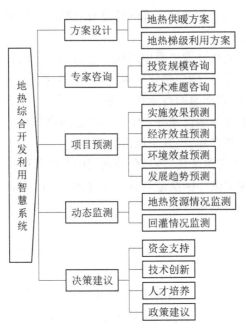

图 4-1　系统功能结构图

4.4.3　智慧系统的设计方案

智慧系统由数据库、模型库、知识库、推理机、人机接口等部分组成。用户通过人机接口对数据库中的数据及知识库中的知识进行编辑。模型从数据库或人机接口读入数据,输出的结果作为推理机推理的起点或中间节点,或直接通过人机接口输出。推理机通过匹配知识库中的知识和模型模拟的输出结果进行推理。整个系统模块通过人机接口有机协调,完成系统的功能。

4.4.3.1　数据库

数据库是专家系统中用于存放反映系统当前状态的事实数据,通常以"事实规则"的形式来表达,包括勘查评价数据库、技术成果数据库、专家人才数据库、典型案例数据库、供热系统数据库、地热监测系统数据库。

(1)勘查评价数据库。用于存储地热能资源数据的多种描述信息,包括地热能勘查数据、水文地质信息、地热分布信息及文献信息等,数据分为文本、图片、表格等多种格式,通过关系型数据库保存和管理各种格式数据以及各种数据之间的对应关系。

(2)技术成果数据库。为支撑查询业务而建设,数据库包含地热科技成果、历年地热能项目汇编、学会期刊和会议论文,录入成果名称、关键词、成果简介、成果分类、成果完成人、第一完成单位、单位所在省市名称、合作完成单位等,通过条件组合实现精确、模糊检索。

(3)专家人才数据库。为行业专家学者、行业优秀人才个人品牌形象宣传推广、交流学习的高端交流平台,包括地热行业技术专家、地热能专业工程师等。专家人才数据库信息除包括姓名、性别、职称、学历、工作单位等基本信息外,还包括其工作简历、研究领域、成果及专利、社会任职、获奖及荣誉和论文论著等。

（4）典型案例数据库。典型案例要突出片段、特色、变化和有效的特点。典型案例数据库包括案例名称、案例概述、案例背景、典型经验、关键词等，选取有自身特点及创新性实践的典型经验、典型活动、典型项目，为典型经验选取贴切的、有独特性的名字，简要地说明案例的基本情况，说明原来的状态和希望解决的问题，详细说明典型经验的内容、特点、实施路径和具体做法，用前后做法对比的方法体现典型经验案例给企业品牌培育和成果带来的变化，用数据、图表等实例说明典型经验在实践中取得的效果。典型案例对案例数据的收集、归纳并加以分类，直接描述案例中的具体活动，揭示工作的动态性。

（5）供热系统数据库。供热是集供热生产调度、管网监控、管网水力分析、供热计量、室温控制、地理信息技术的现代供热一体化综合解决方案，系统数据库包括热网水力失调、热力失衡的运行状态数据，管网水力工况监测数据，温度、压力、流量数据，系统控制、计量及分户计量、控温平台等数据，宏观掌握供热系统运行状况、运行质量。通过记录的热网运行历史数据，在一个采暖期结束后与前期数据进行比较分析，建立项目控制模型，对热网的水力工况和热力工况进行全自动调节，解决各换热站的耦合影响，消除热网水力失调，平衡供热效果。

（6）地热监测系统数据库。通过传感器对现场数据的实时采集上传，监测系统对一些重要的数据建立等级模型，划分上报警、下报警、上危险、下危险报警等级，提供有上下限、数据异常等多种报警及自动调控方案，自动进行报表计算，并可随时和定时打印出所有供热站的当日日报参数表，显示动态趋势曲线图；同时还可以显示各供热站、管网分布的地理位置图，为城市供热规划提供决策数据支持。

4.4.3.2　模型库

人工智能及知识工程的发展，使得新的理论及方法不断涌现。目前，基于知识工程的决策支持系统已广泛应用于很多学科领域。在管理信息系统中，仅有足够的数据，决策人员的活动只能依赖于查询、分类与归纳，系统本身不能根据有效的方法来提供经过总结的决策依据，于是模型及模型库便成了决策支持系统的有机组成部分。

模型库系统由模型库和模型库管理系统组成，用来存放和管理财务决策所需的各种模型，常用的静态模型有线性规划模型、非线性规划模型、网络模型、表格模型、曲线模型等，常用的动态模型有常微分方程、差分方程和偏微分方程等。通过对对象数据的自动采集，动态分析与监测，耦合模拟与预测，通过模型匹配实现对系统管理过程的监督、分析和辅助决策。

4.4.3.3　知识库

知识库是用来存放专家知识、经验、书本知识和常识的存储空间，常用的有逻辑表示、语义网络表示、规则表示、框架表示和子程序表示等。用产生式规则表达知识方法是目前专家系统中应用最普遍的一种方法，它不仅可以表达事实，而且可以附上置信度因子来表示对这种事实的可信程度。

专家系统的问题求解过程是通过知识库中的知识来模拟专家的思维方式的，因此知识库是专家系统质量是否优越的关键所在，即知识库中知识的质量和数量决定着专家系统的质量水平。一般来说，专家系统中的知识库与专家系统程序是相互独立的，用户可以通过改变、完善知识库中的知识内容来提高专家系统的性能。

通过查阅地热资源情况、咨询专家及参考典型案例技术方案和应用效果,获取地热供暖方面的经验知识和具体问题的解决方法,针对不用应用场景,建立地热供暖项目实施效果和经济效益预测及政府决策的参考模型。

4.4.3.4　推理机

推理机实际上是一组计算机程序,用以控制、协调整个系统,并根据当前输入的数据利用知识库的知识按一定推理策略去逐步推理直到得出相应的结论。推理机包括推理方法和控制策略两部分。推理方法分为精确推理和不精确推理两类,控制策略主要是指推理方向的控制及推理规则的选择策略。推理有正向推理、反向推理及正反向混合推理等。

推理机控制整个程序的运行,采用产生式系统设计。首先根据工作存储器中的内容匹配产生式的前提,将前提得到满足的产生式规则选出,构成"竞争集"。然后根据重要性优先的评判规则,求出竞争集中各产生式的优先级,选择一个优先级最高的产生式规则以备执行。执行内容包括所选的产生式规则的结论、产生式引发、工作存储器内容更新或与外界交换信息。

4.4.3.5　人机接口

系统采用显示目标成功路径的搜索方法,不需要大范围搜索规则库,只利用事实数据库(或动态数据库)中保留的中间事实的结果进行推理。

系统界面:整个系统以 Windows 为界面,通过菜单、图标、图形、动画等方式与用户交互,通过简单的鼠标点按选择就可以完成操作。

4.4.3.6　智慧系统的应用场景

智慧系统应用(ES)是针对地热能实际应用领域,建造专家系统,用来辅助或代替领域专家解决实际问题。专家系统是人工智能的重要分支,它是人工智能学者从探讨一般思维规律方法走向以专门知识信息处理为中心的转折点。智慧系统的应用几乎渗透到地热能应用的勘查评价、技术成果管理、专家咨询与技术支持、开发利用管理等多个方面。

第 5 章 结论与展望

5.1 结 论

本书在对沿黄城市地热赋存规律进行调查研究的基础上,重点对地热开发利用各个阶段的关键技术进行研究,从整体的角度对地热的开发利用进行规划,理清其中的逻辑关系,从而实现了黄河沿线城市地热资源高效和可持续的利用。

(1)从整体的角度对河南省沿黄城市地热赋存规律、地热开发配套技术、节能与环境保护技术、开发井网科学部署等进行了全方位多角度研究,并结合研究区城市总体规划对沿黄城市进行了地热梯级综合利用评价。

(2)进行基于地热开发关键技术的地热产业化分析,通过这种不同学科间的技术集成,架构一套直接应用于沿黄城市地热开发产业化的系统软件,初步探索出一条符合河南省沿黄城市的地热产业化经营道路,并逐步向全省推广。

由于我国地热产业发展时间较短,相关的影响因素及其内部的互动关系也较为复杂,对整体意义上的发展模式的研究还尚未成熟。相应地,地热产业发展模式这一领域的研究比之实践仍然有些滞后,存在空白和薄弱的地方。具体来说,相关研究的不足之处主要表现在以下几个方面:

(1)河南省沿黄城市地热资源按分布特征可划分为隆起山地型和沉积盆地型两种,尤其对于沉积盆地型热储层,其研究深度一般都在 2 000 m 以浅,研究的主要热储层为新近系明化镇组热储层和新近系馆陶组热储层,但对于 2 000 m 以深至 3 000 m 范围内的开发利用潜力巨大的古生界热储层的地热资源赋存规律未进行研究。因此,急需开展工作对古生界热储层地热资源赋存规律进行研究。

(2)以往的地热资源评价是以水的消耗为依据的,以地热水资源储量消耗程度(如开采 20 年、水位降深 100 m 的开采量)为出发点的,不考虑"热"资源的梯级、可持续利用,未考虑回灌措施和效果,导致资源量评价结果存在很大误差。因此,在当今地热资源逐步大规模开发利用的情况下,急需在群井回灌试验及长时间地热回灌动态监测情况下,对地热流体的可采量及可采热量进行定量评价计算。

(3)以往地热产业评价主要集中在资源评价和项目评价上。在地热资源蕴藏量、可采量及质量计算与评价方面的工作已经很多,但对资源评价后整体开发利用的研究则相对较少。对地热井科学部署、地热开发工艺技术论证及节能环保分析等相关关键技术的研究关注较少,未能从整体的角度将地热资源开发利用各个阶段的工作进行统一规划,缺乏相关性,从而未能实现从地热勘查、开发、运行到效益评价的一体化。如果要对地热产业的发展进行全局性的、战略性的、前瞻性的思考,相关研究仍然显得有所不足。

5.2 展　望

在地热勘探评价方面,首先要做好地热资源勘查的基础工作,开展高精度重磁电地球物理技术集成及其与地化等其他类型勘探方法的集成技术研究,进一步完善深层高精度岩溶热储层地热开发有利目标的物探探测技术,加大研发投入,依托国内外研究院所和相关高校,基于河南省深层岩溶地质体和热储盖层特点,改进提升现有的电磁法探测技术、处理技术、解释技术,研发经济可行的深层岩溶热储探测技术系列。

地热开发工程方面,一是发展砂岩地热井经济回灌技术,研究砂岩热储回灌难的机制问题,研发改造增渗技术、回灌流体处理技术与装备,监测评价回灌尾水在不同地层内全程流动动态,研发单井换热取热技术与装备,取得砂岩热储开采技术及设备的突破。二是大力发展单井换热技术,针对增强单井取热能力的措施和新型单井结构设计方面,开展同井采注、分支井增加换热面积、大尺寸井眼换热、激发井下扰流强化对流换热等,多措施下提高换热效率的研究工作。三是加强地热井防腐、阻垢技术的研究,针对中高温高矿化度地热水,开展主要结垢类型专用环保化学阻垢剂的研发配制,降低地热防垢成本。

利用技术方面,大力发展以地热能为核心的多能互补能源体系。当前,我国正处于能源绿色低碳化转型的关键时期。在能源转型过程中,单一能源品种利用已经受到多方掣肘,在功能及多能互补集成优化作为一个重要的抓手和突破口的今天,地热能与多能互补融合发展是能源绿色低碳转型的新方向,也将成为"十四五"时期能源发展的重点。通过多能有效结合、取长补短、紧密互动,增加地热能应用比重,降低火电等传统能源高污染、高耗能的程度,为优化能源结构、降低环境污染提供助力。大力发展以地热能为核心的多能互补体系,将成为河南省能源经济持续稳定高质量发展的关键。

干热岩地热能利用方面,在干热岩研究早期,仅将温度高、渗透率低、没有流体的地层视为干热岩,随着技术的改进,其他地层也成为了干热岩开发的目标区域。同样,目前认为干热岩的热储岩性主要为火成岩和沉积岩,火成岩中则以花岗岩为主;随着认识的深入及技术的不断创新,对干热岩的开发概念也会变得更加广泛,开发区域也将变得更加广阔。

地热资源动态监测方面,通过动态监测回灌水扩散轨迹和主要赋存位置,对热储层温度场、化学场的影响变化进行研究,是实现地热资源可持续开发的科学依据,是评价地热资源开发与环境影响的重要依据。政府主管部门要牵头建立地热资源动态监测体系,开展地下热水的压力、温度、流量、浑浊度等物理动态综合监测,在有条件的井孔中同时布设水压、水位、水文、测震、应变等多种手段的监测仪器,完整监测地下热水系统,掌握一定时间、空间范围内地下热水的动态变化规律,严格监督与环境问题相关的重要监测事项,促进地热资源的高质量开发利用。

参 考 文 献

［1］林黎,王连成.天津地区孔隙型热储层地热流体回灌影响因素探讨［J］.水文地质工程地质,2008.

［2］卢彬.地热破解郑州"火电围城"困局［N］.中国能源报,2018.

［3］卢予北,李艺,卢玮,等.新时代地热资源勘查开发问题研究［J］.探矿工程(岩土钻掘工程),2018,45(3):1-8.

［4］闫晋龙,孙健,王少辉.河南通许凸起东部(睢县—商丘段)地热田热储特征及资源评价［J］.矿产勘查,2020,11(4):804-810.

［5］刘现川,刘仕娟,杨风良.高阳县地热资源评价［J］.煤炭技术,2018(4).

［6］路东臣.河南省地热资源特征及开发利用存在问题简析［J］.河南地球科学通报,2008(下册).

［7］黄光寿,田良河,黄凯.河南省沉积盆地地热流体主要储层及地热特征［A］.河南地球科学通报,2016年卷［C］.

［8］王继华,赵云章,郭功哲.河南省地热资源研究［J］.人民黄河,2009(9).

［9］王艳艳,洪梅,付博.基于模糊综合权重法的地热水资源梯级利用模式评价［J］.水电能源科学,2016(5).

［10］窦明,王艳艳,杜洁.安阳市地热水梯级开发利用模式探析［J］.华北水利水电大学学报(自然科学版),2016,37(6).

［11］刘洪战.河南省地热资源承载力评估［J］.能源技术与管理,2016,41(6):169-173.

［12］龚晓洁,田良河,袁锡泰.河南平原区天然地热流体同位素特征对其成生环境的揭示［J］.科学技术与工程,2019.

［13］王继华.河南沉降盆地地热资源评价［J］.长江大学学报(自然科学版),2010,7(2):178-181.

［14］刘华平,彭森博,李杨.驻马店—遂平一带地热资源赋存规律研究［J］.华北水利水电学报,2014,035(6).

［15］罗树应.地球物理方法在矿山水文地质调查中的应用研究［J］.低碳世界,2014.

［16］刘天佑.勘查地球物理概论［M］.北京:地质出版社,2007.

［17］王传雷,黄潘,曲赞,等.水域施工遗失物体的磁法快速探测定位［J］.工程地球物理学报,2009(6):54-58.

［18］张建春,王传雷.水下磁性物体探测定位方法研究［J］.水运工程,2009.

［19］郭明晶,成金华,丁洁.中国地热资源开发利用的技术、经济与环境评价［M］.北京:中国地质大学出版社,2016.

［20］孟银生,张光之,刘瑞德.电阻率参数预测地热田深部温度方法技术研究［J］.物探化探计算技术,2010,32(1):31-34.

［21］刘瑞德.地热田电磁法勘查与应用技术研究［D］.北京:中国地质大学,2008.

［22］王培义,马鹏鹏,刘金侠,等.废弃井改造为地热井工艺技术研究［J］.地质与勘探,2017,53(4):788-792.

［23］谭扬军,凌安航,熊轲.地热井泵管比选及其经济性分析［J］.价值工程,2018.

［24］邢向渠,孟江,李卫华,等.河南中深层地热热交换系统应用浅析［J］.地质装备,2019.

［25］周晓奇.东濮凹陷废弃井改造成地热井先导试验［J］.油气井测试,2018(4):27-34.

[26] 穆浩.冬季气候突变时地热间接供暖的应变技术研究[D].天津:天津大学,2007.

[27] 董红霞.地热梯级利用供热系统运行策略研究[D].天津:天津大学,2016.

[28] 齐金生,季喜廷.地热供热工程中的水源热泵调峰系统及其应用[C]//2009国际地热协会西太平洋分会地热研讨会,2009.

[29] 任照峰,于晓明,朱玮.地热供暖技术应用研究[J].中国建设信息供热制冷,2009(5).

[30] 李宜程.山东省中深层地热资源开发潜力分区评价[D].济南:山东建筑大学,2016.

[31] 于扬,李玉坤.河南版"无烟市县"未来可期11个试点地热供暖效果显著[N].大河网,2019.

[32] 袁海英.从国际、国内地热开发走势看河南地热开发应取对策[N].资源导刊,2015.

[33] 龚晓洁,田良河,李自涛,等.河南省沉积盆地区热储勘探价值分区方案研讨[J].河南科技,2019(10).

[34] 驻豫全国人大代表专题调研汇报材料汇编[G].河南省人大环境与资源保护委员会,2020.

[35] 申恒明.我国地热能开发利用现状及发展趋势[J].科学技术创新,2019,14(10).

[36] 北方地区冬季清洁取暖典型案例汇编[G].国家能源局清洁取暖办公室,2019.

[37] 李扬,赵婉雨.地热能领域产业技术分析报告[J].高科技与产业化,2019(9).

[38] 杨天华.新能源概论[M].北京:化学工业出版社,2013.

[39] 北极星电力网新闻中心.京津冀首个地热梯级利用科研基地初步建成[N].中国证券网,2018.

[40] 汪集暘.地热清洁取暖大有可为[N].中国科学报,2020.

[41] 张德祯.关于河南省中深层地热资源勘查和井群规模化开发的问题[J].地热能,2016(3).

[42] 罗佐县.我国地热产业政策优化改革思考[J].当代石油石化,2017(6).

[43] 吴昊.五大建议,中国地热能发展未来可期[N].中国矿业报,2018.

[44] 冯为为.储能与多能互补融合发展 能源绿色低碳转型新方向[J].节能与环保,2017(10):46-47.